Heinz-Jürgen Klepzig

Working-Capital und Cash Flow

Heinz-Jürgen Klepzig

Working-Capital und Cash Flow

Finanzströme durch Prozessmanagement optimieren

GABLER

Bibliografische Information Der Deutschen Nationalbibliothek
Die Deutsche Nationalbibliothek verzeichnet diese Publikation in der Deutschen Nationalbibliografie; detaillierte bibliografische Daten sind im Internet über <http://dnb.d-nb.de> abrufbar.

1. Auflage 2008

Lektorat: Ulrike M. Vetter

Der Gabler Verlag ist ein Unternehmen von Springer Science+Business Media.
www.gabler.de

Umschlaggestaltung: Nina Faber de.sign, Wiesbaden
Druck und buchbinderische Verarbeitung: Wilhelm & Adam, Heusenstamm
Gedruckt auf säurefreiem und chlorfrei gebleichtem Papier.
Printed in Germany

ISBN 978-3-8349-0423-2

Inhaltsverzeichnis

Einführung

Pointiert formuliert war der Bereich Finanzen bislang bei mittelständischen und mittleren Unternehmen überwiegend der reaktive Empfänger von unternehmerischen Prozesskonsequenzen; heute wird er immer mehr zum aktiven Treiber von finanzwirtschaftlich-orientierten Prozessgestaltungen!

Dringende Aufgabe ist es heute, nicht mehr allein Material- und Informationsfluss aufeinander abzustimmen, wie es traditionell in der Logistik praktiziert wird, sondern die Integration von Material-, Informations- und finanziellen Prozessen zu verfolgen.

„Finanzierung – eine neue Dimension der Logistik", heißt eine Veröffentlichung der Bundesvereinigung Logistik[1], die eine finanzwirtschaftliche Sicht bei der Ausgestaltung der Supply Chain fordert. Die besondere Notwendigkeit dieser integrierten finanzwirtschaftlich-orientierten Prozessgestaltung ergibt sich heute zunächst durch die generell rauer werdende Wettbewerbslandschaft. Eine weitere wesentliche Ursache sind die Vorgaben von Basel II, die insbesondere den deutschen Mittelstand aufgrund seiner chronischen Eigenkapitalschwäche belasten.

Die Fachleute sprechen heute von Financial Supply Chain Management. Die Financial Supply Chain verläuft parallel zur physischen Supply Chain eines Unternehmens und beschreibt dessen Finanzströme. Ziel ist die Optimierung dieser Finanzströme, beginnend bei der Kreditwürdigkeitsprüfung bis zum Zahlungseingang mit dem Hauptziel, den Cash-to-Cash-Cycle zu beschleunigen.

Mit gezielter Prozessgestaltung lassen sich unterschiedliche finanzwirtschaftliche Stoßrichtungen verfolgen:

1. Reduzierung des Working-Capitals
   Wesentliches Ziel ist dabei, das gebundene Umlaufvermögen niedrig zu halten. Daraus resultieren eine Verbesserung sowohl der Liquiditäts- und Kostensituation als auch der Verzinsung des eingesetzten Kapitals.
2. Reduzierung des Anlagevermögens
   Neben dem Working-Capital wird auch das Anlagevermögen unmittelbar durch Prozessgestaltung beeinflusst. Beispielsweise können durch Just-in-Time-Anlieferungen bisher benötigte Lagerflächen im Wareneingang überflüssig und möglichst wertschöpfend (also nicht einfach ein Leerstand der Flächen!) umgewidmet werden.

---

1 Bundesvereinigung Logistik (Hrsg.), 2003

Niedriges Anlagevermögen führt ebenfalls zu einer Verbesserung sowohl der Liquiditäts- und Kostensituation als auch der Verzinsung des eingesetzten Kapitals.

Die Auswirkungen werden veranschaulicht durch die Bilanz und das DuPont-Schema:

- Die Reduzierung von Umlauf- und Anlagevermögen führt zu einer liquiditätsfördernden Bilanzverkürzung (Abbildung 1).

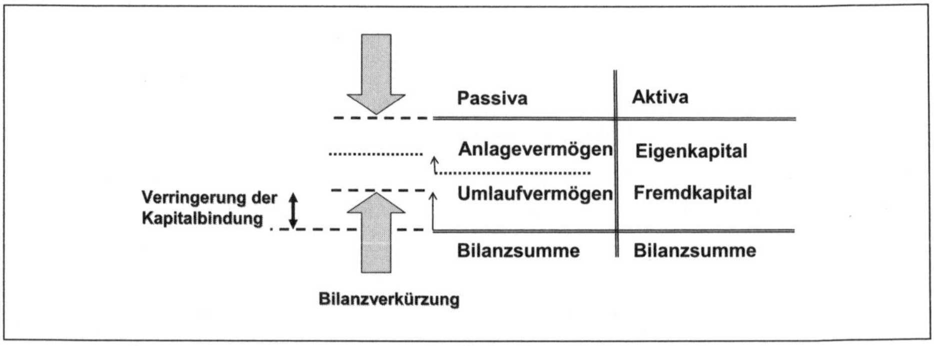

Abbildung 1: *Bilanzverkürzung schafft Liquidität*

- Das traditionelle DuPont-Schema veranschaulicht, dass ein niedriges Umlauf- und Anlagevermögen über einen erhöhten Gesamtkapitalumschlag zu einem verbesserten Return-on-Investment (ROI) führt (Abbildung 2).

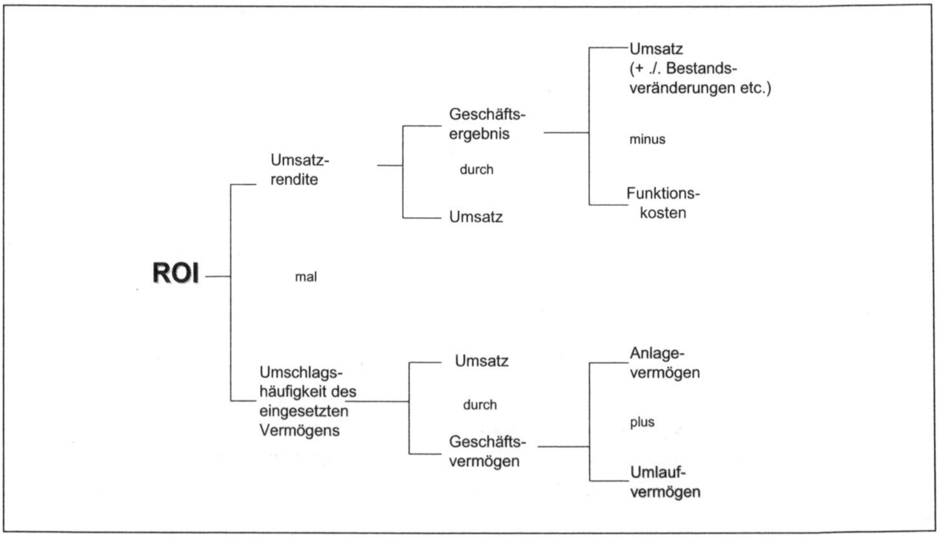

Quelle: Vgl. Weston, Fred J.: Managerial Finance, New York 1962
Abbildung 2: *DuPont-Pyramide*

Viele Unternehmen stehen heute plötzlich in der Situation, kurz- bis mittelfristig Verbesserungspotenziale bei Liquidität und Kapitalverzinsung realisieren zu müssen. In diesem Fall bietet es sich bei den kapitalbindenden Vorgängen an, primär die Working-Capital-beeinflussenden Prozesse zu untersuchen. Diese sind tendenziell stärker operativ und umsetzungsnäher. Dagegen sind die das Anlagevermögen beeinflussenden Prozesse eher strategisch ausgelegt mit einem mittel- bis langfristigen Realisierungszeitraum.

Die folgenden Ausführungen konzentrieren sich auf die Reduzierung des Working-Capitals und die Gestaltung der zugehörigen Prozesse. Dazu zählen insbesondere die Prozesse des Managements von Forderungen (Order-to-Cash), Verbindlichkeiten (Purchase-to-Pay) und Vorräten (Total Supply Chain). Die Stellgrößen zur Beeinflussung des Working-Capitals sind vielfältig und beeinflussen sich gegenseitig. Sie reichen von der Vertragsgestaltung, Rechnungsstellung oder Reklamationsbehandlung über die gesamte Auftragsabwicklung und Leistungserstellung bis zur Planung des Bedarfs, der Lageroptimierung und der Lieferantenauswahl.

Die Leitlinie ist, dass es für eine gute Prozessgestaltung nicht ausreicht, fließende störungsfreie Prozesse zu formen: Unternehmensprozesse müssen ausreichend Cash generieren, sonst ist das Unternehmen über kurz oder lang betriebswirtschaftlich nicht in Balance und schnell in seiner Existenz gefährdet.

Die Prozessgestaltung wird jedoch in vielen Unternehmen zu wenig monetär bewertet und betriebswirtschaftlich hinterfragt. Hier liegen nach unserer Erfahrung erhebliche Verbesserungsmöglichkeiten vor, die im Folgenden diskutiert werden.

1. Working-Capital: Definition, Wirkungen, Relevanz

1.1 Hintergrund: Wandel und Unternehmenssicherung

Einige massive Veränderungen, die Unternehmen schon jetzt und erst recht in Zukunft zu schaffen machen, sind in Abbildung 3 als Einflüsse zusammengefasst.

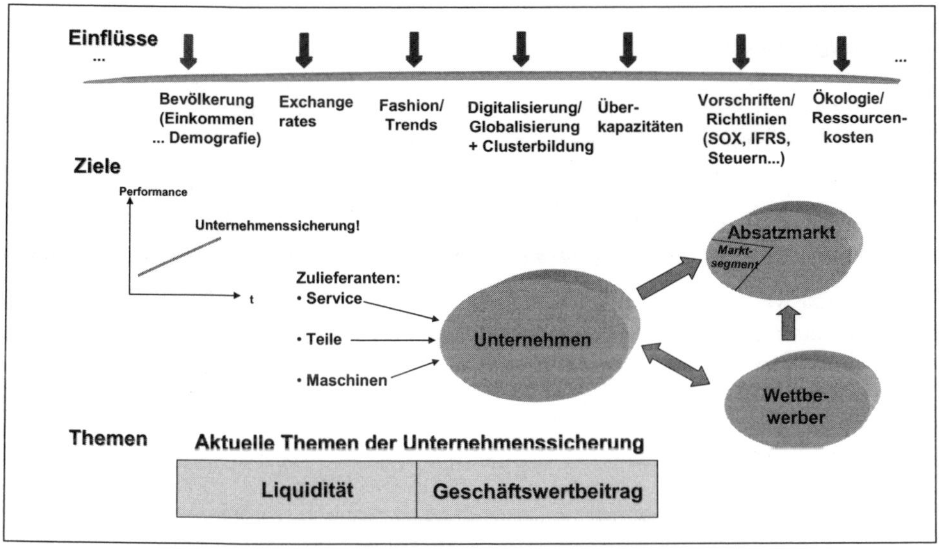

Abbildung 3: *Aktuelle Themen der Unternehmenssicherung*

Diese Einflüsse wirken in unterschiedlichem Maße auf jeden Marktpartner ein. In Abbildung 3 sind beispielhaft neben dem Unternehmen die Zulieferanten, die Wettbewerber und die Kunden im Absatzmarkt genannt.

In der Praxis beschränkt sich das Unternehmen auf ein Zielmarktsegment, da die Bedienung des gesamten Marktes in aller Regel wirtschaftlich nicht sinnvoll oder auch ressourcenmäßig nicht machbar ist. Das Unternehmen will den Kunden mit Produkten und/oder Leistungen beliefern. Das Gleiche will der Wettbewerber. Das Unternehmen wird nur dann beim Kunden erfolgreich sein können, wenn es sich besser als die Konkurrenz auf die Bedürfnisse des Kunden einstellt. Ziel muss es sein, dem Kunden mehr Nutzen zu liefern als der Wettbewerber. Anspruchsvolle Kunden messen die Leistungen des Unternehmens immer an den Leistungen der stärksten Wettbewerber. Grundsätzliche Aufgabe für das Unternehmen ist es also, sich bei solchen Aspekten positiv vom Wettbewerb abzuheben, die für den Kunden von Wert sind.

Aufgrund der vielfältigen Veränderungen werden die Karten für die Marktteilnehmer andauernd neu gemischt: Chancen und Risiken insbesondere der Anbieter verändern sich daher ständig. Nachfolgend werden die in Abbildung 3 beispielhaft aufgeführten Einflüsse und daraus resultierende Veränderungen kurz skizziert.

Bevölkerung

In den kommenden Jahren werden sich die Altersstruktur und auch das Bevölkerungsvolumen in den meisten westlichen Ländern, jedoch beispielsweise auch in den ehemaligen sozialistischen Staaten, spürbar verändern: Die Alters-„Pyramide" wird in einem überschaubaren Zeitraum zur Alters-„Ulme".

Ergänzend dazu ist bei der Einkommensstruktur für diese Länder die Tendenz zu sehen, dass die bisher vorherrschende Pyramide mehr und mehr zur Eieruhr wird: Eine Polarisierung in die Gruppierungen „Habenichts" und „Geldadel" ist absehbar.

Es kommen weiterhin neue Wettbewerber aus Korea, China, Indien sowie dem arabischen Raum hinzu, und es ergeben sich neue, teilweise äußerst einkommensstarke Käuferschichten in diesen Regionen.

Exchange Rates

Die Exchange Rates haben auf ein exportorientiertes Land, wie es Deutschland ist, großen Einfluss. In den letzten Monaten wurde beispielsweise der Euro im Verhältnis zum US-Dollar um immerhin 25 Prozent teurer. Um im Geschäft zu bleiben, bedeutete dies konkret für Exporteure, dass die Herstellungskosten für diese Exporte in die USA erheblich gesenkt werden müssen.

Fashion/Trends

Fashion und Trends beeinflussen Unternehmen auf unterschiedliche Art:

Bei Fashion ist nicht nur an Haute Couture aus Paris oder Design-Spielereien von Pkw-Schmieden zu denken. Es gibt beispielsweise auch betriebswirtschaftliche Modeerscheinungen: Konzepte, die vielfach nicht ausreichend hinterfragt zur einseitigen Heilslehre vieler Geschäftsführungen mutierten, wie:

- Synergie-Effekte („1 + 1 = 3")

- Going-offshore („Wer als Kfz-Zulieferer keinen Standort in Osteuropa hat, ist für uns generell out")
- Lean-Management („Eine Methode, die die Europäer nachmachen, weil die Amerikaner annehmen, dass die Japaner sie verwenden").

Digitalisierung/Globalisierung und Clusterbildung

Die Globalisierung der Beschaffungs- und Absatzmärkte hat in den letzten Jahren großen Einfluss auf die Unternehmen ausgeübt. Die Entfernung als Barriere hat in vielen Geschäftsbeziehungen an Bedeutung verloren. So liegen die Transportkosten beispielsweise für eine Flasche Wein aus Südafrika nach Westeuropa bei Großabnahmen in der Größenordnung von nur 3 bis 5 Prozent des Verkaufspreises. Erleichtert wird die Globalisierung insbesondere durch die digitale Telekommunikation (z. B. für Tracking & Tracing).

In Zeiten schlechter Arbeitsmarkt- und Konjunkturlage werden sonst auf Selbständigkeit wertlegende Unternehmer offener für Kooperationen. Als Unternehmensnetzwerk oder Cluster bezeichnet man Kooperationen von verschiedenen Unternehmen, ihren Zulieferern, Forschungseinrichtungen (z. B. Hochschulen), Dienstleistern (z. B. Designstudios und Ingenieurbüros) und verbundenen Institutionen (z. B. Handelskammern), die als untereinander abgestimmte Initiative das Ziel haben, branchenspezifische Kompetenzen einer Region auszubauen. Bei den beteiligten Unternehmen handelt es sich meist um mittelständische Unternehmen. Clusterbildung kann also bei erfolgreicher Dynamik ein Gegengewicht zur Globalisierung des Going-offshore bieten.

Häufig zitierte frühe Beispiele für solche Clusterinitiativen sind in Europa der AC Styria (Automobilzulieferer) und der oberösterreichische Automobil-Cluster (AC). In Deutschland gibt es mittlerweile Clusterinitiativen für so unterschiedliche Arbeitsgebiete wie Medizintechnik, Nanotechnologie oder Forst und Holz.

Im Kern ist das Bestreben, Unternehmensnetzwerke aufzubauen, nichts Neues: Die Möbelindustrie in Ostwestfalen-Lippe wie die Glasverarbeitung in Thüringen waren beispielsweise einst starke Cluster. Heute versucht man – auch durch Unterstützung der Wirtschaftspolitik – mit Clusteroffensiven gezielt die Wettbewerbsfähigkeit und Wirtschaftskraft einer Region durch Förderung insbesondere des Mittelstands zu verbessern und sogenannte Center of Competence zu bilden.

Überkapazitäten

In vielen Märkten sind Angebot und Nachfrage nicht im Gleichgewicht. Überkapazitäten führen zu hartem Wettbewerb und hohem Preisdruck. Das Erstarken verschiedener einstiger NIC (Nearly Industrialized Countries) wird in einigen Märkten den Wettbewerb in absehbarer Zeit weiter verschärfen.

Vorschriften/Richtlinien

Vielfältige Vorschriften und Richtlinien und ihre Neuerungen beeinflussen das Geschäftsleben und müssen bewältigt werden: national in Deutschland beispielsweise die Mehrwertsteuererhöhung zu Beginn des Jahres 2007. Doch auch international entstehen kurz- bis mittelfristig Vorgaben, die selbst bei einem primär national ausgerichteten Unternehmen zu einschneidenden Veränderungen führen, etwa Basel II, SOX oder IFRS.

Ökologie/Ressourcenkosten

Die Entwicklung der Preise pro Barrel Rohöl wirkt sich unmittelbar auf die Kraftstoff- und Heizölpreise, früher oder später über Leistungserstellung und Transport auf alle Güter- und Dienstleistungspreise aus. Umwelteffizienz bei Verbräuchen (z. B. Wasser, Rohstoffe, Energie) und Emissionen (z. B. Treibhausgase, Stickoxide) wird zunehmend vom Gesetzgeber gefordert und durch monetäre Steuerung angestrebt. Auch in diesem Einflussfeld wirken stetig oder auch sprunghaft verändernde nationale und internationale Vorgaben.

Fazit

Also Panta rhei – alles fließt und geht sogleich in den nächsten Zustand über. Wie jedoch die sich verkürzenden Halbwertzeiten des Wissens heute aufzeigen, fließt alles immer schneller. Es gilt Schritt zu halten mit diesen schnellen Änderungsabfolgen und ihren häufig unerwarteten Auswirkungen. Die Inlandsproduktion deutscher Pkw-Hersteller beispielsweise weist im Jahresverlauf regelmäßig vorausplanbare saisonale Schwankungen auf. Die Statistik der letzten Jahre zeigt aber auch, dass in verschiedenen Jahren die Inlandsproduktion schlagartig nicht vorausplanbar um rund 30 Prozent unter den Vorjahreswert absackt.

Primäres Ziel muss es für ein Unternehmen sein, in dem skizzierten sich schnell wandelnden Feld zu überleben. Zur Unternehmenssicherung trägt im Wesentlichen bei, dass die marktrelevante Performance des Unternehmens möglichst ständig verbessert wird und damit jederzeit eine Finanzierung aus eigener Kraft möglich ist. Für einen durch marktwirtschaftliche Prinzipien bestimmten Markt ergibt sich angesichts des Marktdrucks durch Überkapazitäten als Leitbild der Unternehmenssicherung:

> Erheblich besser sein als der Durchschnitt!

Niederschlag findet eine gelungene unternehmenssichernde Ausrichtung eines Unternehmens insbesondere in den Kennzahlen zur Liquidität und dem Geschäftswertbeitrag. Grundsätzlich gilt, dass ein Unternehmen zu jedem Zeitpunkt eine ausreichende Liquidität haben sowie tendenziell mindestens positive Geschäftswertbeiträge aufweisen sollte.

Für krisenhafte Zeiten allerdings gilt: Liquidität geht vor Rendite! In angespannten Zeiten hat also die Liquiditätssteuerung eines Unternehmens Priorität vor Geschäftswertverbesserungen.

Die Liquidität kann durch Verbesserung des momentanen Cash Flow erhöht werden, also durch Gestaltung von Einnahmen minus Ausgaben.

Der Grundgedanke des Geschäftswertbeitrags ist, dass ein Unternehmen mindestens die Kapitalkosten verdienen muss. Ein positiv wachsender Geschäftswertbeitrag liegt vor, wenn das Geschäftsergebnis nach Steuern die Kapitalkosten nicht nur deckt, sondern die Überdeckung sogar noch erhöht werden kann.

Diskussionen über Liquidität und Geschäftswertbeitrag sind beileibe keine akademischen Spielchen. Der Handlungszwang deutscher Unternehmen kann anhand von zwei Beispielen verdeutlicht werden:

> Die Möbelindustrie in Deutschland ist ein typischer Vertreter des Mittelstands. Eine generelle Konsumzurückhaltung in Verbindung mit der demografischen Entwicklung in Deutschland führte in den letzten Jahren zu sinkenden Umsatzzahlen im Inland. Forcieren des Exports ist einer der chancenreichen Ansätze. Allerdings wird auch der Wettbewerb außerhalb der Landesgrenzen immer schärfer. Die Ergebnissituation für die meisten deutschen Möbelhersteller ist seit langem unbefriedigend, was angesichts der typischen Eigenkapitalschwäche hochprekär ist. Innerhalb der letzten 15 Jahre sind Dutzende von Unternehmen aus dem Markt ausgeschieden.

> Für die Pkw-Fertigung geht man von weltweiten Produktionsüberkapazitäten in der Größenordnung von 35 Prozent aus. Selbst in Märkten wie Osteuropa, die als willkommene Absatzmärkte aufgefasst wurden, existieren derzeit derart viele Produktionskapazitäten, dass die hergestellten Einheiten in Osteuropa nicht abgesetzt werden können. Resultat ist ein Druck auf Märkte und Standorte insbesondere in Westeuropa. Weitere Betriebsschließungen, Firmenübernahmen oder auch Insolvenzen sind vorprogrammiert.

Beide Beispiele zeigen, dass es aufgrund der Wettbewerbssituation zunehmend schwieriger wird, wirtschaftlich über Wasser zu bleiben. Die konkrete unternehmerische Aufgabenstellung heißt:

> Liquide bleiben und ausreichenden Geschäftswertbeitrag einfahren!

1.2 Was ist Working-Capital?

Um die Rolle des Working-Capitals bei der Verbesserung von Liquidität und Geschäftswertbeitrag zu verstehen, nachfolgend zunächst die Definiton von Working-Capital:

Working-Capital* =		Liquide Mittel
	+	Kurzfristige Forderungen
	+	Vorräte
	./.	Verbindlichkeiten aus Lieferungen und Leistungen
	./.	Sonstige kurzfristige Verbindlichkeiten

* = Netto-Umlaufvermögen

Working-Capital hat zwei Dimensionen: Geld und Zeit. Es ist eine zeitpunktbezogene monetäre Größe.

Ein entlang der Zeitachse geschickt agierendes Unternehmen kann durchaus ein negatives Working-Capital haben. Ein niedriges oder sogar negatives Working-Capital ist in aller Regel ein Zeichen von besonderer Marktmacht.

Beispiel 1:

> Ein Lebensmittelhändler kassiert bar vom Kunden. Den Lieferanten bezahlt er erst zwei Wochen später.

Beispiel 2:

> Ein Software-Entwickler erhält vor Beginn seiner Arbeiten eine Kundenanzahlung auf den Auftrag.

Working-Capital entspricht also dem Umlaufvermögen minus den Verbindlichkeiten aus Lieferungen und Leistungen und eventuell weiteren kurzfristigen Verbindlichkeiten, die beide in aller Regel zinsfrei sind.

Zur Veranschaulichung ist in Abbildung 4 das Working-Capital innerhalb der Bilanz skizziert.

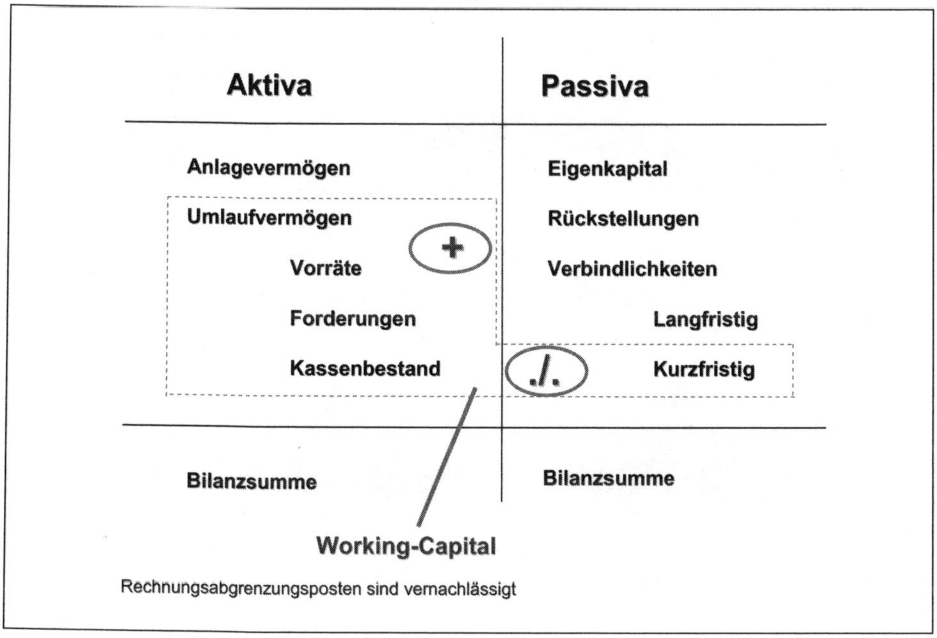

Abbildung 4: *Working-Capital in der Bilanz*

In Abbildung 5 sind zunächst als Übersicht die Stellhebel dargestellt, die zu einer Verbesserung der Liquidität und Erhöhung des Geschäftswertbeitrags führen:

- Die Reduzierung des Working-Capitals verbessert sowohl die Liquidität als auch den Geschäftswertbeitrag (GWB).
- Die Reduzierung des Anlagevermögens erhöht den Geschäftswertbeitrag.

Die Reduzierung des Working-Capitals wird insbcsondcrc crrcicht durch Bchcrrschung der relevanten Prozesse. Es handelt sich in der Praxis um kurz- bis mittelfristig formbare Aufgabenfelder, die die Gestaltung der Forderungen, Lagerbestände und Verbindlichkeiten beinhalten.

Bei der Reduzierung des Anlagevermögens geht es in der Praxis um die Ausgestaltung von Immobilien, Anlagen und Einrichtungen und damit um mittel- bis langfristig modellierbare Aufgabenfelder überwiegend auf der Basis von strategischen Entscheidungen. Und tatsächlich ist „Betongold“ in den Bilanzen verschiedener Unternehmen zu entdecken und zu heben.

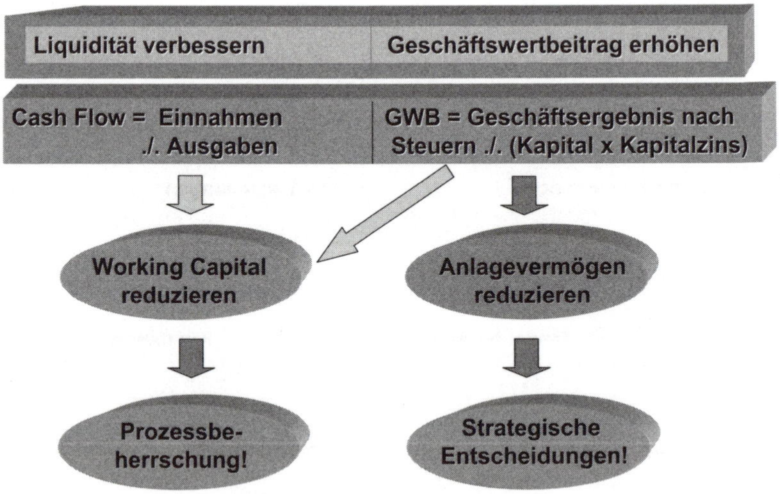

Abbildung 5: *Stellhebel für Liquidität und Geschäftswertbeitrag*

In Abbildung 6 ist die Ermittlung des Geschäftswertbeitrags dargestellt. Im Kern ist der Geschäftswertbeitrag der Überschuss des Geschäftsergebnisses nach Steuern über die Kapitalkosten für das verwendete Geschäftsvermögen. Beim Kapitalkostensatz sind hinreichende Werte für die Fremd-, aber auch die erwartete Eigenkapitalverzinsung anzusetzen. Ein Unternehmen kann also auf den ersten Blick durchaus befriedigende Werte für den NOPAT (Net Operating Profit After Taxes) aufweisen und dennoch ungünstige Geschäftswertbeiträge erbringen. Falls der Geschäftswertbeitrag eines Unternehmens bei marktgerechten Kapitalkostensätzen dauerhaft negativ ist, kann dies ein Hinweis dafür sein, die Geschäftstätigkeit zu beenden, das Unternehmen zu liquidieren und das Kapital anderweitig zinsbringend anzulegen.

Die Darstellung macht deutlich, dass der Geschäftswertbeitrag aus den periodisierten Größen der Bilanz und der Erfolgsrechnung abgeleitet ist:

EBIT (Earnings Before Interest and Taxes) ./. Ertragssteuern = NOPAT

NOPAT ./. Kapitalkosten für das Geschäftsvermögen = Geschäftswertbeitrag

Der Einfluss des Working-Capitals auf den Geschäftswertbeitrag wird deutlich: Eine Reduzierung des Working-Capitals führt durch Beeinflussung der Bilanz-relevanten Assets zu geringeren Kapitalkosten und damit zu einem günstigeren Geschäftswertbeitrag.

In der Praxis zeigt sich, dass die Maßnahmen zur Reduzierung des Working-Capitals faktisch zu einer Ladenhüterbereinigung, einer Reduzierung der Verschrottungs- und Lagerkosten und damit einer Verminderung von Verschwendung führen. Förderlich für den Geschäftswertbeitrag werden damit auch die Funktionskosten reduziert und der NOPAT erhöht. Es wird also auch der Geschäftsergebnis-relevante Ast des Geschäftswertbeitrags verbessert.

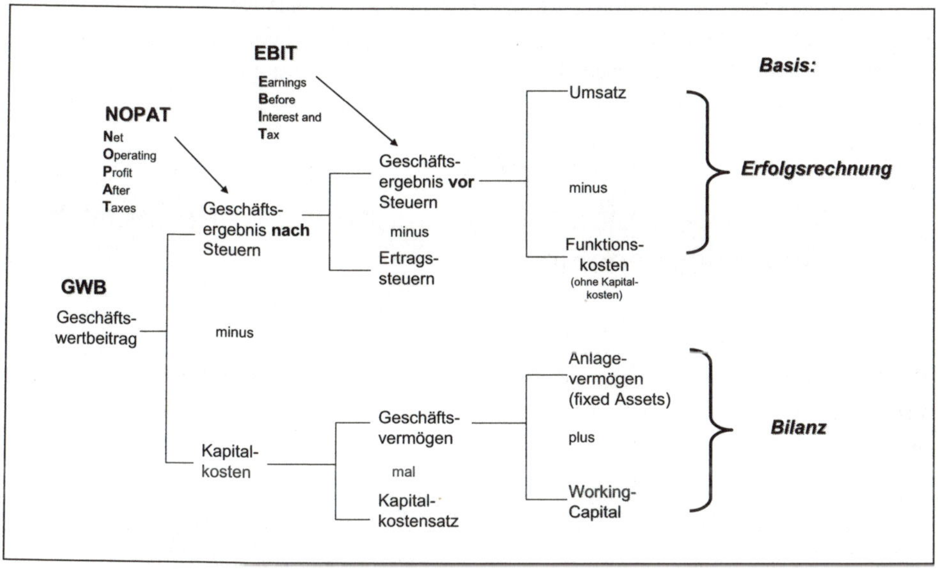

Abbildung 6: *Working-Capital und Geschäftswertbeitrag*

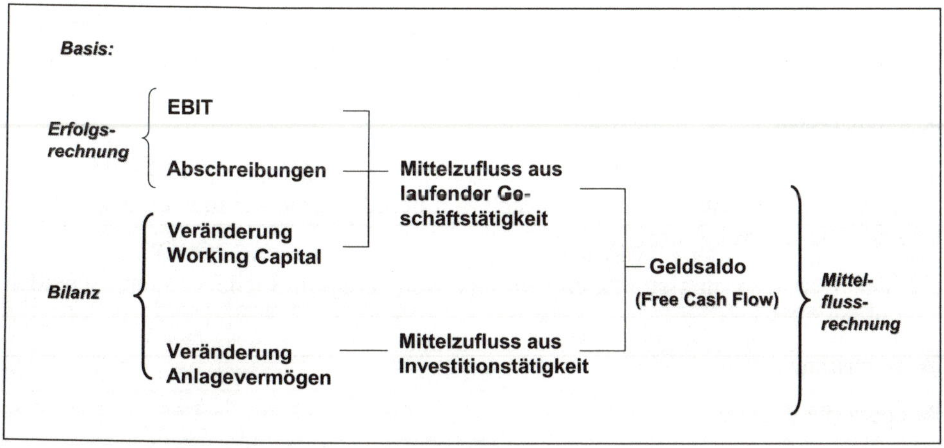

Abbildung 7: *Working-Capital und Liquidität*

In Abbildung 7 ist der Einfluss des Working-Capitals auf die Liquidität dargestellt. Durch Verringerung des Working-Capitals werden Mittel frei, die den zeitpunktbezogenen Geldsaldo verbessern. Dieser ergibt sich aus dem Mittelzufluss aus laufender Geschäftstätigkeit, korrigiert um die Veränderungen im Anlagevermögen aufgrund von Investitionstätigkeit.

Nachdem die förderlichen Wirkungen einer Working-Capital-Reduzierung auf Geschäftswertbeitrag und Liquidität dargestellt wurden, also auf wesentliche Stellgrößen der Unternehmenssicherung, soll nun der Stellenwert des Working-Capital-Managements im Rahmen der aktuellen Diskussion zur wertorientierten Unternehmensführung verdeutlicht werden.

1.3 Working-Capital-Management und wertorientierte Unternehmensführung

Working-Capital-Management wurde in der Vergangenheit mit purer Kostensenkung verbunden. Im Rahmen der wertorientierten Unternehmensführung wurde ihm eine neue Rolle beigemessen.

Die Wertorientierung hat sich heute als breit akzeptiertes Leitkonzept moderner Unternehmensführung herauskristallisiert. Sie liegt dann vor, wenn in einem Unternehmen alle Führungsebenen darauf ausgerichtet sind, den Marktwert des Unternehmens konsequent rasch und nachhaltig zu steigern.

Für den Wertbegriff sind aktuell unterschiedliche Termini in der Diskussion wie Economic Value Added, Economic Profit, Cash Flow Return on Investment. Alle Begriffe haben als gemeinsame Grundorientierung das Ziel, ökonomischen Profit zu schaffen, also Erträge, die über den Opportunitätskosten des gesamten eingesetzten Kapitals liegen.

Die weiteren Ausführungen konzentrieren sich auf die Messung des Mehrwerts in Form des Geschäftswertbeitrags, die sich in führenden Unternehmen in Deutschland weitestgehend durchgesetzt hat.

Bei den Wertsteigerungsstrategien sind vier Wertsteigerungshebel[2] zu unterscheiden (Abbildung 8):

- Wachstum
- operative Exzellenz

---

2 Vgl. Coenenberg/Salfeld, 2003

- Finanz-/Vermögensstruktur
- Portfolio-Steuerung.

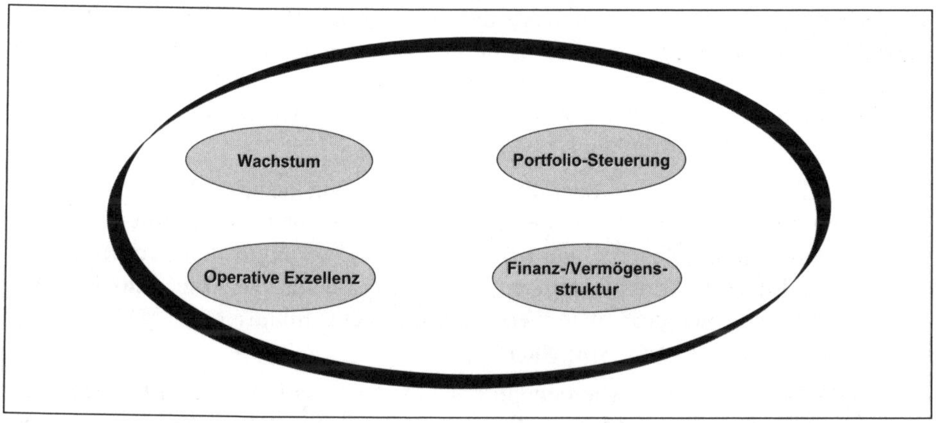

Abbildung 8: *Wertorientierte Unternehmensführung: Wertsteigerungshebel*

1.3.1 Wertsteigerungshebel: Wachstum

Das heutige Leitbild der wertorientierten Unternehmensführung lautet: Fressen oder gefressen werden! Empirisch zeigt sich tatsächlich, dass Umsatzwachstum bei positivem Ergebnis Wert schafft und fehlendes Wachstum Wert vernichtet. Entscheidende Voraussetzung ist also, dass profitables Wachstum vorliegt. Dieses Leitbild bedeutet einen Abschied von den Grenzen des Wachstums der 70er Jahre!

Umsatzwachstum lässt sich beispielsweise erzielen durch die Erschließung neuer Märkte und/oder die Einführung neuer Produkte/Leistungen.

Ebenfalls zeigt sich, dass auf längere Sicht Umsatzwachstum gegenüber reiner Profitabilitätssteigerung dominiert. Hintergrund dafür sind insbesondere das schnelle Erobern von Feldern, die Mechanismen des Economies of Scale sowie schlicht und einfach die Motivation der Mitarbeiter, in einem wachsenden Unternehmen zu arbeiten: Wachstum macht halt Spaß! Leider gibt es zu viele Unternehmen in Deutschland, in denen heute diese Form von Spaß eben nicht zu finden ist.

1.3.2 Wertsteigerungshebel: Operative Exzellenz

Operative Exzellenz bedeutet, mit möglichst wenig Ressourcen Kundennutzen zu erzielen. Operative Exzellenz hat im Rahmen aller vier Wertsteigerungshebel einen besonders hohen Stellenwert: Sie erzielt Kundennutzen über günstige Kostenstrukturen und bietet damit die Basis für ein profitables Wachstum. Profitables Wachstum und operative Exzellenz spielen also im Sinne eines Erfolgskreislaufs besonders eng zusammen.

Förderlich für das Betriebsklima ist, dass aus operativer Exzellenz resultierende Produktivitätsverbesserungen sich nicht in Entlassungen niederschlagen müssen, sondern Mitarbeiter durch das Unternehmenswachstum in alten oder neuen Geschäftsfeldern eingesetzt werden können. Ohne operative Exzellenz würde eine Leistungserstellung im Wettbewerbsvergleich zu teuer.

Meister auf dem Gebiet der operativen Exzellenz sind insbesondere verschiedene japanische Unternehmen, die schon vor Jahren begonnen haben, ihre Unternehmensprozesse durch Effizienz- und Effektivitätsverbesserungen von Verschwendung zu befreien. Radikale Vereinfachungen durch Just-in-Time (JiT) und Kanban sowie die Überarbeitung der gesamten Wertschöpfungskette inklusive der Zuliefereinbindung sind Beispiele ihres Vorgehens.

Tatsächlich gilt dort bei exzellenten Unternehmen als Leitlinie, die Mitarbeiter trotz Produktivitätsgewinnen nicht zu entlassen sondern an anderen Arbeitsplätzen im Unternehmen einzusetzen. Nicht zuletzt werden durch operative Exzellenz gezielt Prozessverbesserungen angestoßen, die das Working-Capital verringern.

Doch nicht nur in Japan gibt es operativ exzellente Unternehmen: Der PC-Hersteller Dell hatte es beispielsweise verstanden, durch neuartige Prozesse und Strukturen in einem wettbewerbsintensiven Markt bemerkenswert hohe Marktanteile zu erringen und bis heute zu verteidigen.

1.3.3 Wertsteigerungshebel: Finanz-/ Vermögensstruktur

Dieser Hebel führt zu zwei Ansätzen:

- Reduzierung des benötigten Kapitals
- Reduzierung der Kapitalkosten

Bei der Reduzierung des benötigten Kapitals geht es darum, das Anlagevermögen sowie das Umlaufvermögen auf das notwendige Minimum zu drücken. Dieses Minimum ist branchenabhängig und kann aufgrund von Eigenheiten der Prozesskette ausgesprochen firmenspezifisch sein.

Die Kapitalkosten werden wesentlich beeinflusst durch die Kapitalstruktur (Eigen-/ Fremdkapital) und den Kapitalkostensatz (Preis des Kapitals).

Zwischen beiden gibt es eine Verknüpfung derart, dass die Kapitalkosten abhängig sind einerseits vom Geschäftsrisiko und andererseits vom Finanzrisiko.

Das Finanzrisiko ist seinerseits wieder abhängig von der Kapitalstruktur: Bei niedrigem Eigenkapital eines Unternehmens wird ein Fremdkapital-Geldgeber seinen Kapitalkostensatz tendenziell erhöhen.

Das Geschäftsrisiko schließlich beschreibt die Zuverlässigkeit von Cash-Flow-Prognosen.

Wesentlich für unsere Diskussion ist, dass mit der Reduzierung des Umlaufvermögens ein wesentlicher Beitrag zur wertorientierten Unternehmensführung vorliegt. Wir können diese Wirkung des Umlaufvermögens bei Abzug der zinsfrei zur Verfügung gestellten Verbindlichkeiten hier der Wirkung von Working-Capital gleichsetzen.

1.3.4 Wertsteigerungshebel: Portfolio-Steuerung

Für Unternehmen, die nur ein Produkt erstellen oder die sich auf nur ein Geschäftsfeld fokussiert haben, wird der Geschäftswert durch die drei oben genannten Wertsteigerungshebel bestimmt. Bei größeren Unternehmen, die in verschiedenen Geschäftsfeldern tätig sind, gibt es durch die Steuerung des Portfolios möglicher Einzelgeschäfte einen weiteren Hebel: Der Gesamt-Unternehmenswert lässt sich durch die Auswahl zukunftsträchtiger Geschäftsfelder und dementsprechende Akquisition und Desinvestition optimieren.

1.3.5 Working-Capital und Geschäftswertbeitrag

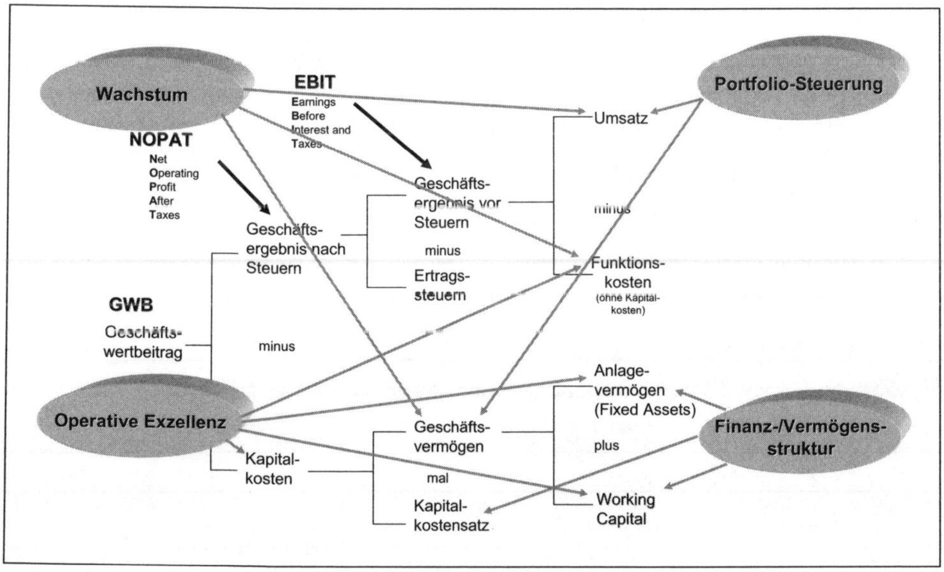

Abbildung 9: *Wertsteigerungshebel und Geschäftswertbeitrag*

In Abbildung 9 ist für wesentliche Ansatzpunkte skizziert, wo die Wertsteigerungshebel zur Verbesserung des Geschäftswertbeitrags greifen.

Working-Capital liefert den wesentlichen Ansatzpunkt primär für zwei Hebel:

- Die Reduzierung des Umlaufvermögens, speziell des Working-Capitals, führt über den Wertsteigerungshebel Finanz-/Vermögensstruktur zu einer Steigerung des Geschäftswertbeitrags.
- Über den Wertsteigerungshebel operative Exzellenz, der insbesondere auf einer Prozessverbesserung basiert, wird ebenfalls das Working-Capital reduziert und der Geschäftswertbeitrag verbessert.

Working-Capital-Reduzierung fördert also

- den Geschäftswertbeitrag.
- die Eigenkapitalrendite.
- den Shareholder-Value.
- die Liquidität.
- den Eigenkapitalanteil.

In weiterer Konsequenz liefert es die Basis für

- die Finanzierung aus dem Unternehmensvermögen, was die unternehmerische Unabhängigkeit unterstützt.
- die Verbesserung des Geschäftsergebnisses durch Abbau von Verschwendung. Empirische Ergebnisse zeigen, dass durch gezielte, das Working-Capital reduzierende Prozessgestaltung eine höhere Produktivität erreicht wird.
- eine Erleichterung der Außenfinanzierung durch eine Verbesserung der Bilanzstruktur. Dies ist hilfreich zum Beispiel bei
  - Kapitalmarktemissionen,
  - Private-Equity- oder Mezzanine-Finanzierungen.

Es ergibt sich als Fazit:

Working-Capital-Management ist ein Instrument mit Breitenwirkung!

1.4 Working-Capital und Basel II

Eine besondere Bedeutung hat die Working-Capital-Reduzierung für den traditionell Eigenkapital-schwachen deutschen Mittelstand: Durch Reduzierung des Working-Capitals wird eine Bilanzverkürzung erreicht, die bei absolut gleich bleibendem Eigenkapital eine Verbesserung der Eigenkapitalrelation bedeutet. Damit wird es leichter, den Eigenkapitalstandards nach Basel II zu genügen (Abbildung 10).

Die Vorteile eines guten Working-Capital-Managements zeigen sich generell bei Unternehmen, die mit knappem Eigenkapital auskommen müssen. Sie zeigen sich speziell bei solchen Unternehmen, die noch dazu ein starkes Umsatzwachstum aufweisen. Beides trifft für viele mittelständische Unternehmen in schnell wachsenden Schwellenländern wie Indien zu. Folgerichtig werden die Vorteile einer Working-Capital-Reduzierung für mittelständische Unternehmen in der dortigen Literatur[3] ausdrücklich herausgestellt.

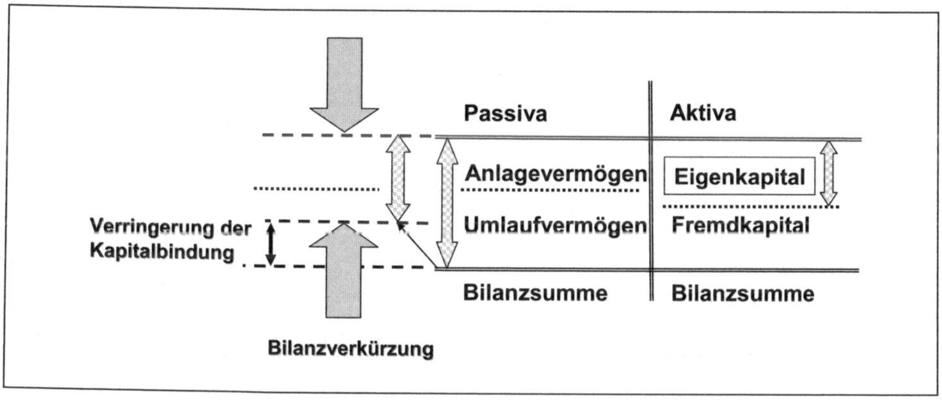

Abbildung 10: *Working-Capital und Basel II*

Der hohe finanzwirtschaftliche Stellenwert des Working-Capital-Managements für ein Unternehmen lässt sich auch mit Zahlen belegen:

- Benchmarkergebnisse zu Working-Capital-Projekten zeigen, dass eine Reduzierung des Working-Capitals um 30 Prozent binnen zwei Jahren realistisch ist.

Dies bedeutet, dass sich

- der Geldsaldo um 30 Prozent erhöht,

---

3 Vgl. Bhattacharya, 2004 sowie Bhambra, 2000

- der Geschäftswertbeitrag absolut um 3 Prozent des Working-Capitals (bei 10 Prozent Kapitalkosten) verbessert.

Untersuchungen in unterschiedlichen Unternehmen zeigen ergänzend, dass weitere Reduzierungen des Working-Capitals um 10 bis 20 Prozent in den folgenden vier Jahren machbar sind.

Nachdem so viele Vorteile des Working-Capital-Managements, aufgezeigt wurden, stellt sich die Frage nach der praktischen Relevanz dieser Betrachtungsweise. Hier ergibt sich trotz aller erwähnten Vorzüge das unbefriedigende Urteil:

> Working-Capital-Management ist derzeit nicht im Fokus der Unternehmenssteuerung!

Eine Begründung dieses Urteils erfolgt in Kapitel 2.

2. Working-Capital-Defizite in der Unternehmenspraxis

Das Working-Capital wird primär bestimmt durch Prozesse, die auf Vorräte, Forderungen und Verbindlichkeiten einwirken. Nachfolgend wird für die relevanten Prozesse dargestellt, dass in der Praxis Schwächen in der Prozessverantwortung sowie dem Zielsystem der Prozessausgestaltung dazu führen, dass Working-Capital-Management bislang nachrangig behandelt wird.

2.1 Prozessverantwortliche

In Abbildung 11 ist der typische Bilanzaufbau eines deutschen Maschinenbauunternehmens mit Prozentangaben zur Zusammensetzung der Aktiva und Passiva komprimiert dargestellt. Wir wollen die Prozessverantwortlichen auf der Aktiva-Seite charakterisieren:

Die Geschäftsführung kümmert sich typischerweise um größere Investitionen in Grundstücke, Gebäude, Maschinen und Einrichtungen. Sie befasst sich in aller Regel nicht mit den Vorräten und der zugehörigen Frage nach Sicherheitsbeständen, Sicherheitszeiten, Lieferterminen, Lieferfrequenzen und Liefergrößen. Dies ist Aufgabe des Materialdisponenten in Einkauf und/oder Produktion. Genauso wenig befasst sich die Geschäftsführung typischerweise mit Details zum Geldeingang oder den Konditionen bei den Forderungen. Dies ist meist Aufgabe des Verkaufs oder der Rechnungslegung.

		Aktiva		Passiva	
Geschäftsführung	⇨	**Anlagevermögen**	**29 %**	**Eigenkapital**	**31 %**
Materialdisponenten (Einkauf/Produktion)	⇨	**Vorräte**	**36 %**	**langfristiges Fremdkap.**	**26 %**
				kurzfristiges Fremdkap.	**43 %**
Verkauf, Rechnungslegung	⇨	**Forderungen**	**30 %**		
		übrige Aktiva	**5 %**		
			100 %		**100 %**

Quelle: VDMA-Kennzahlen, Frankfurt am Main 2003
Abbildung 11: *Prozessverantwortliche und Bilanz*

Als Fazit ergibt sich daher aus diesem Beispiel:

> Die Kapitalbindung des Unternehmens wird nur zu etwa 30 Prozent durch die Geschäftsführung bestimmt.
>
> Fragen zum Working-Capital liegen nicht im unmittelbaren Blickpunkt der Geschäftsführung.

2.2 Zielabstimmung

Vor einigen Jahren kritisierte John Aker, Präsident bei IBM, dass er wohl die vielen Projekte zur Qualitätsverbesserung und Durchlaufzeitreduzierung im Hause IBM sähe, er aber letztendlich keinen durchschlagenden Einfluss der Maßnahmen auf das Geschäftsergebnis erkennen könne. Er vermisste also Transparenz über die nachhaltigen monetären Auswirkungen der Maßnahmen.

Dieses Grundproblem ist heute bei vielen Unternehmen festzustellen. Anhand der Verzahnung der Unternehmenskernprozesse kann dies veranschaulicht werden. Abbildung 12 nennt die drei wesentlichen Unternehmenskernprozesse.

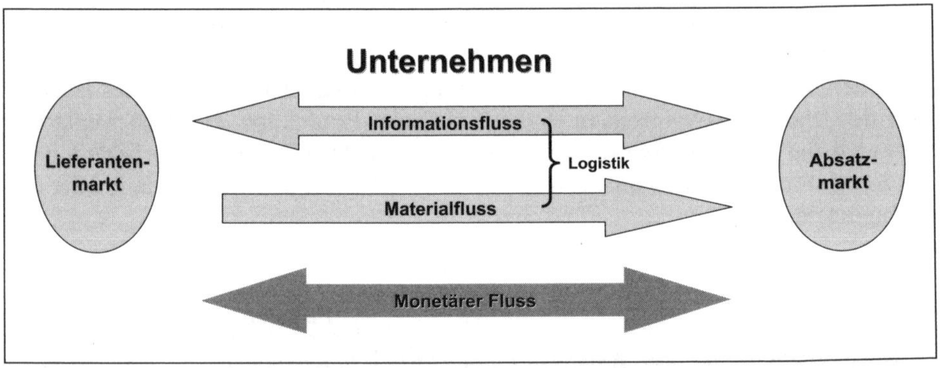

Abbildung 12: *Unternehmenskernprozesse*

Die Praxis zeigt: Es liegt tatsächlich bisher eine Vernachlässigung des monetären Flusses in Verzahnung mit den anderen Prozessen vor. Die Logistik beispielsweise definiert sich immer noch maßgeblich über die Gestaltung des Material- und Informationsflusses. Auswirkungen auf Liquidität und Kapitalbindung oder konkret das Working-Capital werden selten hinterfragt. Und selbst die häufiger vorzufindenden Reichweitenanalysen zur Untersuchung der Bestände (siehe Kapitel 4.4) reduzieren sich auf die Dimension Zeit, also nicht auf monetäre Größen.

Ein wesentlicher Grund für diesen Mangel an Verzahnung ist, dass die betroffenen Prozessverantwortlichen unterschiedliche untereinander nicht abgestimmte Ziele verfolgen. Ergänzend ist festzustellen, dass Working-Capital-Größen nur selten im Beurteilungssystem von Führungskräften vorhanden sind.

Fallbeispiel:

> Der Logistikleiter in einem Großunternehmen wird daran gemessen, dass die Produktion nicht wegen Nachschubmangels stillsteht. Seine Incentives bemessen sich ausdrücklich nach diesem Kriterium, nicht aber an der Höhe der Bestände. Daher achtet er darauf, dass „die Versorgungspipeline nicht leer läuft". Sein Interesse, die Bestände und damit das Working-Capital zu reduzieren, ist verständlicherweise nicht sehr ausgeprägt, da dies die Risiken erhöht, die für ihn gültige Zielsetzung zu erreichen.

Der Gesichtspunkt mangelhafter Zielabstimmung kann durch eine weitere Beobachtung ergänzt werden: In Abbildung 13 ist anhand einer vereinfachten Linienorganisation eines Industrieunternehmens dargestellt, wer typischerweise maßgeblich auf die das Working-Capital bestimmenden Prozesse für Forderungen, Bestände und Verbindlichkeiten einwirkt.

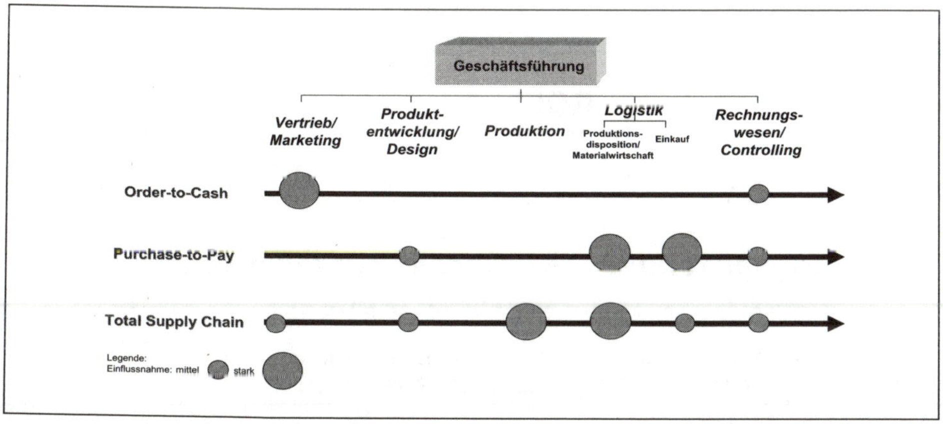

Abbildung 13: *Steuerung der Prozesse*

In der Praxis werden die drei Prozesse selten durch einen gesamtheitlichdenkenden Working-Capital-Manager integriert; dies ist ein ausgesprochenes Defizit.

Ansatzweise wird in einigen Unternehmen der (Finanz-)Controller mit der Aufgabe der gesamtheitlichen monetären Steuerung des Working-Capitals betraut, der sich aber häufig mangels spezifischer Prozesskenntnisse in Diskussionen mit den Prozessverantwortlichen (z. B. über Sicherheitsbestände, Losgrößen) nicht durchsetzen kann.

Änderungen können sich hier in näherer Zukunft ergeben durch eine Verbesserung der eingesetzten Instrumente: In letzter Zeit werden beispielsweise verstärkt umfassende IT-gestützte Steuerungsverfahren für Working-Capital-Management bzw. das sogenannte Financial Supply Chain Management[4] angeboten. Der Einsatz dieser Instrumente kann dazu führen, dass eine gesamtheitliche Optimierung der Unternehmensprozesse stärkere Bedeutung erlangt.

2.3 Zielinhalte

Viele vor allem mittelständische Unternehmer antworten auf die Frage, wie es ihrem Unternehmen geht: „Gut, die Umsatzrendite ist über Branchendurchschnitt." Sie vergessen dabei, dass hier das übergeordnete betriebswirtschaftliche Ziel die optimale Verzinsung des eingesetzten Kapitals und damit die Umsatzrendite nur eine Seite der Medaille ist: Wie das Dupont-Schema zeigt, ist daher neben der Umsatzrendite der Gesamtkapitalumschlag zu optimieren (Abbildung 14).

Die gezielte Verbesserung des Gesamtkapitalumschlags insbesondere durch Bilanzverkürzung, also Beeinflussung des Anlage- und Umlaufvermögens bzw. Working-Capitals, ist heute jedoch immer noch erstaunlich wenig vorzufinden.

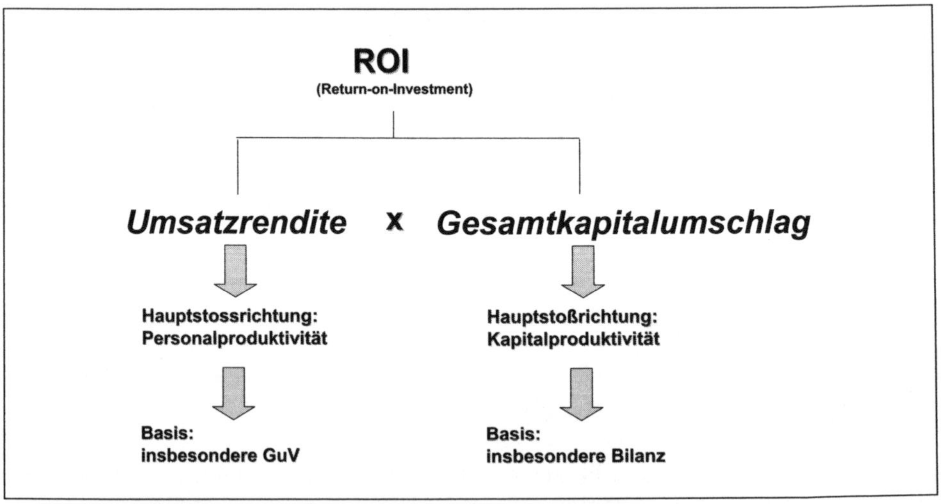

Abbildung 14: *Personal- und Kapitalproduktivität*

4 Vgl. z. B. Pfaff/Skiera/Weis, 2004

Bisher herrschte bei Effizienzverbesserungsprogrammen die Orientierung an einer Personalproduktivität vor, die sich aus der Gewinn-und-Verlustrechnung ableitete. Resultat sind die auch heute noch gängigen Personalfreistellungsmaßnahmen in vielen Unternehmen.

Als neue Hauptstoßrichtungen etablieren sich allmählich:

- die Verbesserung der Bilanz-orientierten Kapitalproduktivität
- die Verbesserung der Finanzierungsflüsse

Als Fazit ergibt sich:

- Working-Capital-Management ist in der unternehmerischen Praxis bislang stiefmütterlich behandelt worden. Es bietet daher besondere Potenziale.
- Working-Capital-Optimierung leistet einen wesentlichen Beitrag zur Geschäftswertsteigerung und Liquiditätsverbesserung.
- Working-Capital-Optimierung ist partout nicht neu. Kommunikationsprobleme der verantwortlichen Beteiligten in den Unternehmen erschweren jedoch die Optimierung.
- Working-Capital-Optimierung wird durch gezielte Prozessgestaltung erreicht. Diese erfordert spezifische Instrumente, die in vielen Unternehmen nicht vorhanden sind oder nicht konsequent gehandhabt werden.

> Working-Capital-Optimierung ist ein Langstrecken-Job, der sich über Monate bis Jahre erstrecken kann. Working-Capital-Optimierung ist nichts für Fünf-Minuten-Manager.

3. Working-Capital: Verbesserung durch Prozessmanagement

3.1 Der Working-Capital-Zyklus

Das Ideal eines Unternehmers ist, dass sein Leistungserstellungsprozess von Produkten oder Dienstleistungen wenig Zeit in Anspruch nimmt, er diese sofort verkaufen kann und unmittelbar Cash erhält. Notwendige Ressourcen sind bei diesem Ideal jederzeit zu fest fixiertem Preis am Markt erhältlich.

Leider ist dieses Ideal jedoch fern jeder Realität: In der Praxis entstehen Forderungen, Bestände und Verbindlichkeiten.

Für ein einfaches Unternehmen ergeben sich in der Praxis folgende Abläufe: Rohmaterialien werden direkt gegen Cash gekauft oder es werden zugehörige Verbindlichkeiten aufgebaut, die später durch Cashzahlung aufgelöst werden. Rohmaterialien werden in fertige Güter transformiert, dann auf Kredit verkauft und diese Forderungen durch Cashzahlung des Kunden aufgelöst.

Der Prozess lässt sich in der Bilanz verfolgen: Bei Prozessbeginn liegt Cash vor. Wenig später wird Cash ersetzt durch Bestände an Rohmaterial und wieder später durch Bestände an fertigen Gütern. Sobald die Fertiggüter verkauft sind, ergeben sich Forderungen, und schließlich, wenn der Kunde die Rechnung bezahlt, erwirtschaftet das Unternehmen seinen Gewinn und füllt den Cash-Bestand wieder auf.

Es zeigt sich an diesem Beispiel, dass die Komponenten des Working-Capital sich andauernd verändern, das Working-Capital an sich jedoch konstant bleibt. Allerdings weisen die Kategorien des Working-Capitals unterschiedliche Ebenen für Risiko und Liquidität auf: Forderungen sind nicht identisch mit Cash, wie viele Unternehmer bei insolventen Kunden erfahren mussten.

Abbildung 15 zeigt den vorstehend beschriebenen Working-Capital-Zyklus (auch Cash-Cycle genannt).

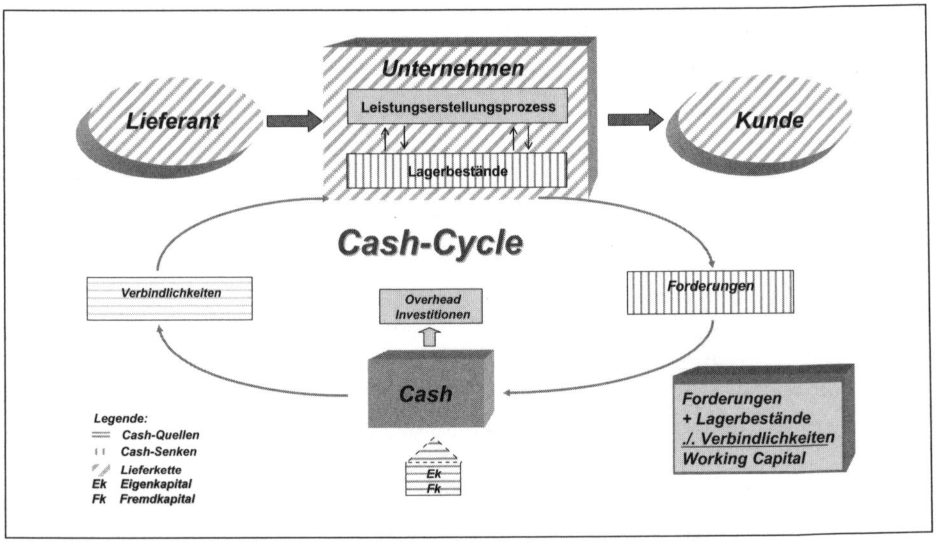

Abbildung 15: *Working-Capital-Zyklus*

3.2 Die Kernprozesse des Working-Capital-Managements

Guten Finanzcontrollern gelingt es, entlang der Zeitachse im Rahmen des Working-Capital-Zyklus jeweils Verbindlichkeiten, Forderungen und Bestände im Gleichgewicht zu halten. Wenn dies nicht gelingt und Cash-Bedarf entsteht, muss dieser Bedarf durch Zuführung von Eigen- oder Fremdkapital gedeckt werden. Bei Liquiditätsüberschuss jedoch kann Cash auch wieder dem Kreislauf entnommen werden.

In wirtschaftlich angespannten Zeiten ist bei Cash-Bedarf eine Zuführung von Eigen- oder Fremdkapital nur eingeschränkt möglich. Dann gewinnt die Verbesserung der Liquidität durch Optimierung des Working-Capitals einen besonderen Stellenwert. Dies gilt übrigens insbesondere für den Fall von Unternehmenswachstum, wenn beispielsweise Investitionen oder der Aufbau von Lagerbeständen zu finanzieren sind.

Innerhalb des Working-Capital-Zyklus lassen sich Cash-Quellen und Cash-Senken unterscheiden. Es gibt – neben möglicherweise notwendiger Kapitalzufuhr – eine besondere liquiditätsfördernde Cash-Quelle:

- Verbindlichkeiten

Daneben unterscheidet man – neben möglichen Kapitalentnahmen – zwei liquiditätssaugende Cash-Senken:

- Forderungen
- Lagerbestände

Typische Beispiele zur Reduzierung des Working-Capitals durch Beeinflussung der Cash-Quellen und -Senken sind in Abbildung 16 aufgeführt. Ergänzend sind mit „Einnahmenmanagement", „Vorrätemanagement", „Ausgabenmanagement" die jeweiligen Working-Capital-beeinflussenden Prozesse benannt.

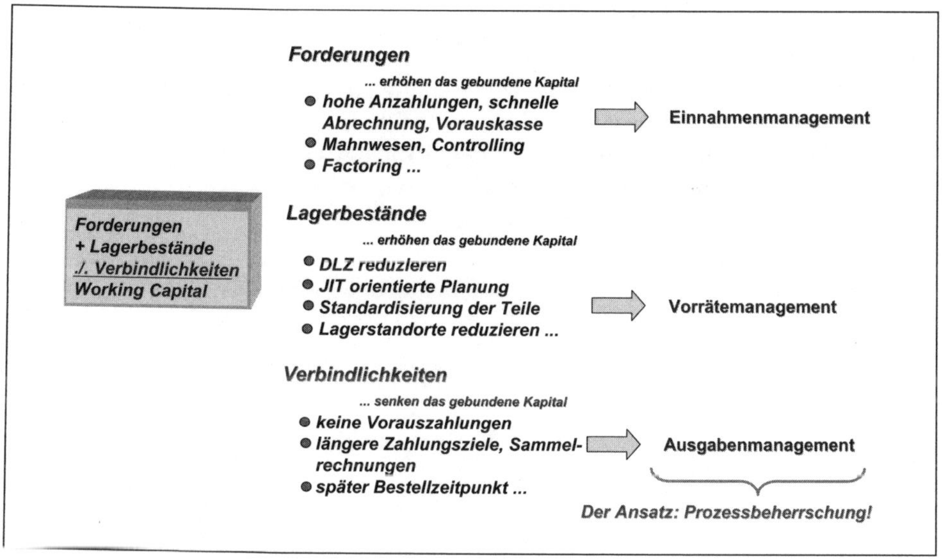

Abbildung 16: *Working-Capital reduzieren: Ansätze*

Die Ansätze machen deutlich:

> Working-Capital-Optimierung erfordert die gezielte Verbesserung der zugrunde liegenden Prozesse.
>
> Working-Capital-Optimierung ist nur durch detaillierte Prozessgestaltung möglich.
>
> Working-Capital-Optimierung ist daher harte operative Arbeit und kein Hauruck-Geschäft!

Der Prozesscharakter der zu betrachtenden Prozesse wird herausgehoben mit den mittlerweile auch in der deutschen Fachliteratur verwendeten englischen Begriffen:

- Einnahmenmanagement: „Order-to-Cash"
- Vorrätemanagement: „Total Supply Chain"
- Ausgabenmanagement: „Purchase-to-Pay"

Verschiedene Ratgeber zur Working-Capital-Verbesserung und Liquiditätsoptimierung schlagen vor, durch gezielten Aufbau von Verbindlichkeiten und schleppende Bezahlung das Working-Capital zu reduzieren. Dies kann sicher kurzfristig ein wirksamer Weg sein. Allerdings dürfen diese Unternehmen in Zukunft kaum eine bevorzugte oder schnelle Belieferung durch die benachteiligten Lieferanten erwarten. Im Gegenteil müssen sie mit Abwehrreaktionen der Lieferanten rechnen. Resultat kann sein, dass sie sich auf längere Sicht sogar mit Working-Capital-treibenden Sicherheitsbeständen eindecken müssen.

Dieser nicht-ausgewogene Ratschlag beleuchtet nochmals eine wesentliche praktische Schwachstelle vieler Unternehmen:

Die drei Working-Capital-bestimmenden Prozesse müssen miteinander verzahnt betrachtet und gesteuert werden. Eine Optimierung nur eines Prozesses kann schnell zur Benachteiligung in den anderen Prozessen führen. Abbildung 17 zeigt vereinfacht zur Veranschaulichung die das Working-Capital bestimmenden Prozesse für ein Industrie-Unternehmen und skizziert die Verzahnung der Prozesse.

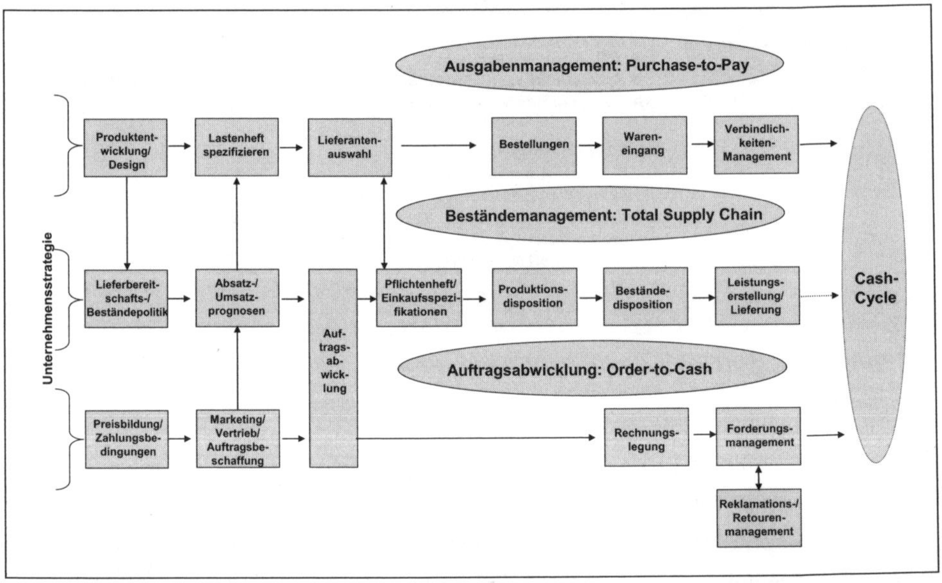

Quelle: In Anlehnung an Wildemann, Horst: Asset Management und Working-Capital-Controlling, 5. Aufl., München 2004
Abbildung 17: *Die Kernprozesse des Working-Capital-Managements*

Es gibt in der Praxis tatsächlich nur wenige Unternehmen, die einen Working-Capital-Manager haben, der die drei Prozesse überblickt und ein abgestimmtes Prozessmanagement betreibt.

Typische Themen und Schwachstellen, die ein Working-Capital-Manager zwecks Working-Capital-Optimierung anpacken sollte, sind in Abbildung 18 aufgeführt.

	Typische Aufgaben	*Typische Schwachstellen*
Order-to-Cash	**• Vertragsgestaltung/ Preisbildung • Auftragsabwicklung • Rechnungsstellung • Reklamationsbehandlung ...**	**• Bonitätsprüfung • Einhaltung Liefertermine • Fixierung Zahlungsauslösung • Verantwortung Rekl.behandlung**
Total Supply Chain	**• Produktentwicklung • Bedarfsplanung/-vorhersage • Fertigungsfluss • Lagerhaltung ...**	**• Komplexität/geringe Standardisierung • schlechter Forecast • häufige Änderungen/Produktionsplan • viele Lagerstufen**
Purchase-to-Pay	**• Lieferantenmanagement (Lieferantenauswahl etc.) • Bestellungen • Wareneingang ... Bezahlung der Lieferanten ... ...**	**• geringe Einbindung/Lieferanten (z. B. VMI) • Anzahl der Lieferanten • spezifische Bestellkonzepte A-/B-/C-Teile • zu kurze Zahlungsziele**

Abbildung 18: *Typische Aufgaben und Schwachstellen im Working-Capital-Management*

Als Fazit ergibt sich:

der Working-Capital-Zyklus beinhaltet die drei Kernprozesse

- Einnahmenmanagement: „Order-to-Cash“
- Vorrätemanagement: „Total Supply Chain“
- Ausgabenmanagement: „Purchase-to-Pay”

Die Optimierung des Working-Capitals erfordert das gesamtheitlich ausbalancierte Optimieren der drei Prozesse.

Hier liegt in der Praxis noch ein erhebliches Verbesserungspotenzial vor.

4. Working-Capital: Veränderungsmanagement

4.1 Übersicht

Die betriebliche Praxis zeigt, dass viele Projekte zur Verbesserung des Working-Capitals nicht konsequent zu Ende geführt wurden oder scheitern. Nachfolgend wird daher ein Vorgehensfahrplan für die Reduzierung von Working-Capital vorgestellt und dabei auf einige wesentliche Stolpersteine, aber auch Marschempfehlungen hingewiesen.

Was ist der Auslöser für eine Working-Capital-Untersuchung? Es gibt unterschiedliche Signale, die einzeln oder kombiniert auftreten können und eine eingehende Analyse nahe legen:

- Lange Durchlaufzeiten von Auftragserteilung bis Zahlungseingang
- Hoher Umfang an Rechnungsreklamationen verbunden mit häufigen Stornierungen und Gutschriften
- Hoher Forderungsausfall
- Starkes Anwachsen der Forderungen aus Lieferungen und Leistungen im Vergleich zur Umsatzentwicklung
- Hohe Bestände entlang der Wertschöpfungskette und unübersichtliche Beständeverantwortung
- Kein Working-Capital-Reporting

Wenn sich bei dieser ersten Betrachtung anhand der genannten Signale eine eingehende Untersuchung empfiehlt, bietet sich ein systematisches Vorgehen in 6 Schritten an (Abbildung 19).

Die Projektschritte umfassen:

1. Ziele definieren
   Nach Ort, Zeit und Maßstab sind hier die Ziele soweit möglich zu operationalisieren. In der Praxis werden die Ziele meist durch Soll-Ist-Vergleich auf der Basis von Benchmarks oder sonstigen Standards festgelegt.
2. Hauptproblemfelder festlegen
   „Wer alles macht, macht nichts richtig“, heißt es.
   Es geht hier darum, sich auf die „dicken Brocken“ einzuschießen, bei denen sich eine eingehende Untersuchung lohnt. Ausgangspunkte sind häufig aktuelle Probleme, die klassifiziert, deren Ursachen lokalisiert und deren zugehörige Verbesserungspotenziale abgeschätzt werden müssen.

3. Ansatzpunkte fixieren
   Es wird auf der Basis der Problemanalyse und der lohnenswerten Verbesserungspotenziale herausgearbeitet, auf welche Verbesserungsansätze man sich am besten fokussiert.

4. Maßnahmen definieren
   Jetzt werden für diese Schwerpunkte jeweils die Stärken und Schwächen, Chancen und Risiken betrachtet und dementsprechend der Umsetzungsplan im Detail fixiert. Insbesondere werden die Einzelmaßnahmen nach Aufgabenträger, Zeitpunkt und Zeitdauer sowie Ressourceneinsatz festgelegt.

5. Maßnahmen umsetzen
   Nun werden die Maßnahmen gemäß Maßnahmenplan Schritt für Schritt realisiert.

6. Fortschritts-Controlling betreiben
   Die Erreichung der Soll-Ziele wird kontinuierlich verfolgt.

In Abbildung 19 ist für jeden einzelnen Projektschritt der Input wie der Output beispielhaft aufgeführt. Für jeden Projektschritt werden also bei diesem Vorgehensfahrplan die angestrebten Ergebnisse als Output formuliert und dementsprechend die dafür notwendigen Inputs festgehalten. Die für die Bearbeitung der einzelnen Schritte erforderlichen Instrumente werden dem Werkzeugkasten entnommen, der dem Unternehmen zur Verfügung steht.

Die Verfügbarkeit und Beherrschung der einzelnen Instrumente hat entscheidenden Einfluss auf die Bearbeitung der einzelnen Projektschritte.

Beispiel

> Bei der Definition von Zielen in Schritt 1 ist eine Bestandsoptimierung per Simulation ein nicht erfüllbarer Wunsch, wenn Simulationswerkzeuge weder vorhanden noch verfügbar sind.

Bei einer medizinischen Untersuchung erfolgen wie allgemein bekannt nach der Vorbereitung bzw. Anamnese die Schritte Analyse, Diagnose und Therapie. Im Kern zeigt eine Prozessuntersuchung das gleiche Vorgehensmuster. Und da wie dort ist es erfolgsentscheidend, die ersten Schritte gründlich vorzubereiten, um nicht auf Sand zu bauen. Demgemäß werden nachfolgend zunächst verschiedene allgemeine Grundsätze des Veränderungsmanagements erläutert und sodann ein Überblick über prinzipielle Stoßrichtungen des Working-Capital-Managements gegeben.

Danach wird der Ausgangspunkt eines Veränderungsprojektes diskutiert: der Vergleich von Kennzahlen oder Indikatoren mit Standards. Anschließend werden Hebel zur Prozessverbesserung erläutert. Mit den Verbesserungshebeln werden verschiedene Maßnahmenkategorien zur Working-Capital-Reduzierung beschrieben. Abschließend werden wesentliche Instrumente eines Werkzeugkastens zur Working-Capital-Untersuchung vorgestellt.

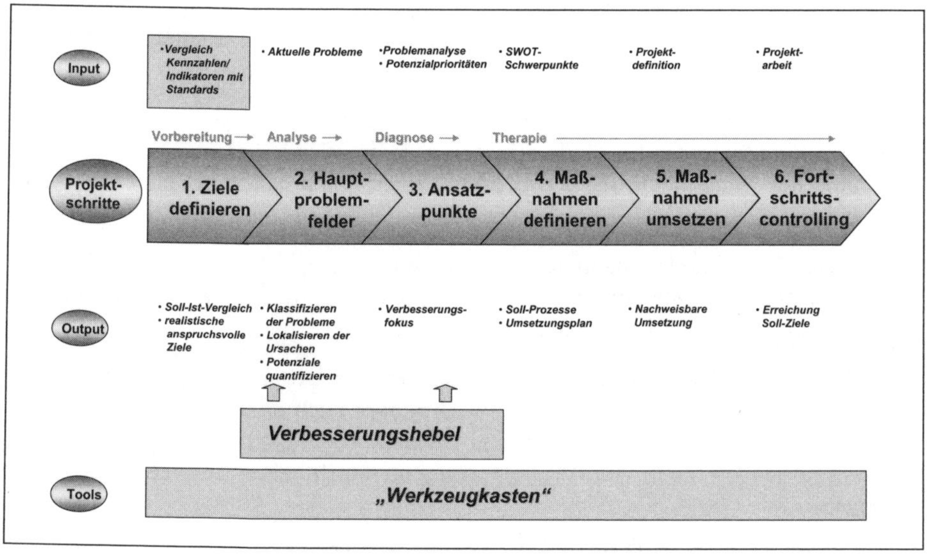

Abbildung 19: *Sechs-Schritte-Fahrplan zum Working-Capital-Management*

4.2 Grundsätze des Veränderungsmanagements

Grundsätzlich gilt für ein rationales Veränderungsmanagement:

Wer verändern will, muss messen!

Die Differenz zwischen dem Ist und der Vorstellung vom Soll wird also gemessen und – soweit das Ist ungünstiger als das Soll ist, durch gezielte Maßnahmen weitmöglichst verringert.

Sofern der Maßstab der Messung als auch die Messungen an sich von allen Beteiligten akzeptiert werden, bieten operationalisierbare Messungen eine gute Basis für sachliche Auseinandersetzungen über Projektstand und -fortschritt.

Ohne Messungen driftet der Charakter eines Veränderungsprojekts schnell zu den Extremen „Seelenmassage" oder „pures Machtspiel".

Selbst wenn nun ein Problem in Form einer messbaren Differenz zwischen Ist und Soll vorliegt, bedeutet das noch lange nicht, dass sofort über Problemlösungen nachgedacht wird. Wesentliche Voraussetzungen sind:

- Die Differenz wird wahrgenommen.
  Es scheint z. B. ein Naturgesetz zu sein, dass sich in nicht gepflegten Lagerbereichen Ladenhüter, Ausschuss und Retouren unbemerkt häufen.
- Die Motivation liegt vor, die Differenz zu verringern.
  Die Verminderung der Bestände erfordert z. B. in aller Regel eine genauere Vorplanung des Materialbedarfs und bedeutet damit einen häufig ungeliebten Extra-Aufwand.
- Die Größe der Differenz kann beurteilt werden.
  In vielen Industrieunternehmen liefert das Controlling-System z. B. keine aktuellen Aussagen über WIP-Bestände (Work In Progress).
- Die Fähigkeiten und Ressourcen zum Verringern der Differenz liegen vor.
  Hier ist z. B. an das notwendige Know-how, aber auch insbesondere an die Ressource Zeit zu denken. Gute Mitarbeiter haben womöglich das notwendige Know-how, sind jedoch durch eine Vielzahl von anderen Projekten zeitlich restlos ausgebucht.

Zur Verdeutlichung der aufgeführten Voraussetzungen ein Fallbeispiel:

> Bei einem Kfz-Zulieferer häufen sich in der Produktion die WIP-Bestände durch kurzfristige Änderungen seitens der Kunden. Der Produktionsleiter fühlt sich für die Bestände aus angearbeiteten, jedoch nicht ausgelieferten Losen nicht verantwortlich und greift nicht ein.

Doch selbst wenn eine Differenz zwischen Ist und Soll existiert und wahrgenommen wird, kann sich schnell als nächster Stolperstein die Auseinandersetzung über divergierende Problemlösungsprozesse auftun. Ursachen können sein:

- Unterschiedliche Kenntnisse über den Ist-Stand.
  Beispiel: „Das ist doch eine momentane Ausnahme!“
- Verschiedene Vorstellungen über den Soll-Stand.
  Beispiel: „Das ist schlicht und einfach nicht machbar!“
- Verschiedene Prioritäten bei der Bewertung von Soll-Ist-Differenzen.
  Beispiel: „Das lohnt sich doch gar nicht!“
- Divergierende Erfahrungen und Ansichten über den Methodeneinsatz bei der Problemlösung.
  Beispiel: „Das ist mir viel zu akademisch!“

- Divergierende Auffassungen, welche Personen beteiligt und/oder betroffen sind.
  Beispiel: „Immer dieser Besserwisser!“
- Divergierende Auffassungen über den Lösungsweg.
  Beispiel: „Das ist Hektik pur!“
- Divergierende Wertungen beim Ressourceneinsatz.
  Beispiel: „Dafür haben wir keine Zeit!“

Soll-Ist-Differenzen werden von verschiedenen Personen subjektiv unterschiedlich wahrgenommen, gewertet und behandelt. Daraus resultieren in aller Regel unterschiedliche Vorschläge zur Problemlösung. Um in einer Gruppe auf einen gemeinsam vertretenen Lösungsansatz zu kommen, gibt es unterschiedlichste Vorgehensweisen: Überrumpeln, Überreden, Überzeugen sind ein paar Beispiele des Vorgehensrepertoirs.

Um in einem diskussionsoffenen Unternehmen auf eine Stoßrichtung zu kommen, gilt als Rezept für die Beteiligten:

> Kommunikation, Kommunikation und nochmals Kommunikation!

Wir hatten oben das Soll als Veränderungsziel herausgestellt. Dieses Soll ist damit eine sogenannte Standard-Größe. Als Standard wird dabei die im jeweiligen Zeitpunkt angestrebte Methode verstanden. Ein Standard kann sein z. B. die

- beste,
- einfachste,
- sicherste,
- vom Kunden vorgegebene,
- in der Branche übliche

Methode. Standards sind also eine wesentliche Grundlage von Verbesserungsmaßnahmen. Konkret können Standards vorliegen beispielsweise durch:

- Vorschriften
  (wie im Straßenverkehr. Beispiel: maximale Ladehöhe)
- Normen
  (wie die DIN ISO Normen-Sammlung. Beispiel: Dokumentation von Prozessen)
- Spezifikationen oder Arbeitsprozeduren
  (z. B. aufgrund von Erfahrungswissen. Beispiel: Verfallsdaten, Losgrößen)
- Anforderungen
  (z. B. von Kundenseite. Beispiel: Just-in-Sequence-Anlieferung)

- Benchmarks
  (z. B. durch andere Unternehmen)
- Best-Practice-Beispiele
  (z. B. aus der Branche)
- Zielvorgaben
  (z. B. auf der Basis von optimierenden Simulationen)

4.3 Working-Capital-Reduzierung aus Prozesssicht

In Abbildung 20 sind verschiedene Unternehmensprozesse entlang der Zeitachse t aufgeführt. Oberhalb der Zeitachse ist der körperliche Fluss dargestellt: Zunächst erfolgt der Kauf von Roh-, Hilfs- und Betriebsstoffen. Es folgt die Leistungserstellung/Produktion, und es schließt sich der Verkauf von Produkten an. Die jeweils zugehörigen Zeitpunkte Bestellung/Abruf, Anlieferung und Auslieferung sind ebenfalls aufgeführt. Unterhalb der Zeitachse sind die Elemente des Cash-Cycle dargestellt: Mit der Anlieferung erfolgt der Rechnungsempfang. Die Zahlung erfolgt später. Dazwischen liegen die Days in Payables als Maßstab für den Bestand an Verbindlichkeiten.

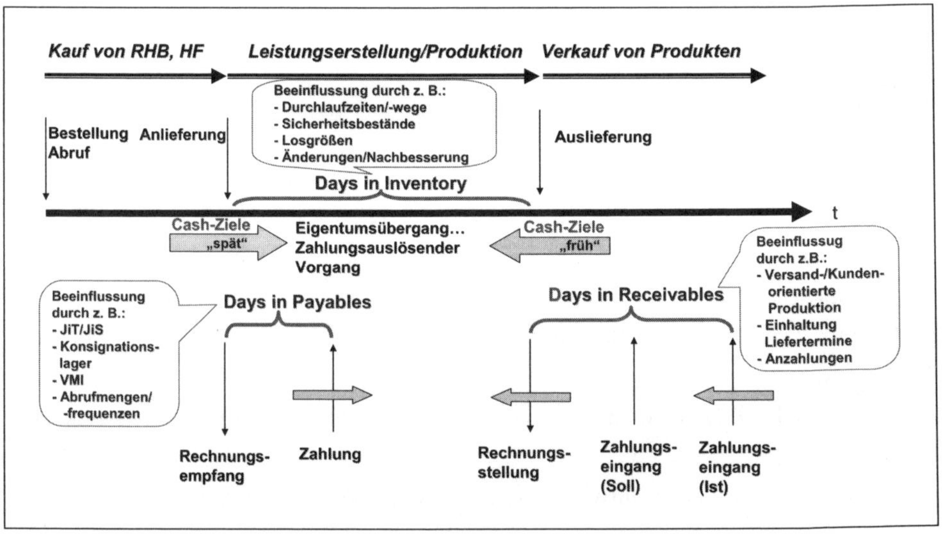

Abbildung 20: *Working-Capital-Reduzierung aus Prozesssicht*

Zwischen Anlieferung und Auslieferung liegen die Days in Inventory als Maßstab für die Bestände.

Mit der Auslieferung erfolgen die Rechnungsstellung und die Fixierung des Soll-Zahlungseingangs. Zwischen der Rechnungsstellung und dem Ist-Zahlungseingang liegen die Days in Receivables als Maßstab für den Forderungsbestand.

Förderlich für eine Working-Capital-Reduzierung wirkt, wenn Cash-out möglichst spät und Cash-in möglichst früh erfolgt. Entscheidend dafür ist die Definition der zahlungsauslösenden Vorgänge.

Förderlich für Cash-out ist also, wenn der Lieferant möglichst spät bezahlt werden muss. Dies kann beispielsweise erreicht werden durch:

- Anlieferung von Materialien erst kurz vor dem Bedarfszeitpunkt (Just-in-Time), insbesondere verbrauchsnahe Anlieferung von Modulen mit hoher Wertschöpfung
- Eigentumsübergang erst kurz vor dem Bedarfszeitpunkt (Beispiel: Konsignationslager)
- Zahlung nicht sofort, sondern Zahlung im Rahmen des Zahlungslaufs z. B. ein Mal pro Monat
- Zahlung erst nach Einbau des angelieferten Teils oder gar erst nach Verkauf des fertigen Produktes

Förderlich für Cash-in ist, wenn der Kunde möglichst früh zahlt. Dies kann beispielsweise erreicht werden durch:

- Einhaltung von Lieferterminen
- Auslieferung von reklamationsfreier Ware
  Diese beiden Aussagen klingen banal, sind aber in der Praxis häufige Problemfelder, die viele Kunden geschickt als Begründung für reichlichen Zahlungsaufschub verwenden.
- eindeutig deklarierte Rechnung z. B. mit Adressat, Auftragsnummer
- häufige Anzahl an Zahlungsläufen
- Lieferung gegen Vorauskasse/Anzahlung
- schnell reagierendes Mahnwesen

Weiterhin sollten die Bestände möglichst gering gehalten werden. Dies kann beispielsweise erreicht werden durch:

- kurze Wege durch geeignetes Betriebslayout
- kurze Durchlaufzeiten
- kleine Losgrößen

- geringe Sicherheitsbestände
- wenige Änderungen bei laufenden Aufträgen
- ausfallsichere Maschinen und Einrichtungen
- wenig Ausschuss/Nacharbeit
- niedrige Herstellkosten
- Produktaufbau/Arbeitsablaufstruktur mit geringer Kapitalbindung
- schnelle Durchführung von Produkt-/Auftragsänderungen

Bei der Beurteilung generell von Prozessen und ihren Verbesserungen kommen überwiegend die Beurteilungen in den Dimensionen Zeit, Qualität, Kosten und Flexibilität zum Einsatz. Wie die oben aufgeführten Beispiele zeigen, sind diese Dimensionen auch bei der Prozessgestaltung zwecks Reduzierung des Working-Capitals von Bedeutung, wie Tabelle 1 verdeutlicht:

Dimension	Working-Capital wird reduziert durch
Zeit:	günstige Gestaltung der Cash-in-/Cash-out-Vorgänge (z. B. spezifische Vertragsgestaltung) sowie generell durch eine Beschleunigung der Prozesse. In aller Regel gilt als Faustregel: Durch Verkürzung von Auftragsdurchlaufzeiten lässt sich das Working-Capital verringern.
Qualität:	störungsarme, besser noch störungsfreie Prozesse. Bei Störungen wird Extra-Arbeit und damit Extra-Zeitaufwand notwendig, was den Prozess verlangsamt
Kosten:	Kapital-schonenden Kostenanfall entlang des Leistungserstellungsprozesses. Von Bedeutung sind hier einerseits die absolute Höhe der anfallenden Kosten sowie die Abfolge der Kostenschritte. Die Wertzuwachskurve erfasst und veranschaulicht den Kostenanfall und die daraus resultierende Kapitalbindung entlang des Leistungsprozesses (Abbildung 60).
Flexibilität:	schnelles Hochfahren des Prozesses auf den Zielzustand nach Änderungen. Hohe Flexibilität wirkt sich insbesondere dadurch aus, dass nach Änderungen wie z. B. beim Umrüsten oder bei einem Produktneuanlauf die ursprünglichen Produktivitäts- und Qualitätsstandards schnell wieder erreicht werden.

Tabelle 1: *Beurteilungsdimension für Working-Capital-relevante Prozesse*

Die aufgeführten Dimensionen beeinflussen auch die im folgenden Kapitel 4.4 erörterten Kennzahlen und Indikatoren.

4.4 Kennzahlen und Indikatoren

Der Soll-Ist-Vergleich, also die Feststellung von Abweichungen vom angestrebten Standard, ist maßgeblicher Ausgangspunkt für das Erkennen von Änderungsnotwendigkeiten im Working-Capital-Management. Dies ist nur möglich, wenn unternehmensbezogene Indikatoren bekannt sind, die die im Unternehmen zulässigen Bandbreiten und Interventionspunkte festlegen.

Indikatoren sind Anzeichen für Veränderungen. Es sind Veränderungssymptome, die also nichts über die Ursache der Veränderung aussagen. Die richtige Auswahl von Indikatoren erleichtert sowohl die Interpretation der Veränderungen wie auch speziell die Ursachenforschung.

In Tabelle 2 sind wesentliche Kennzahlen als Indikatoren aufgeführt, mit denen der Zustand der Working-Capital-relevanten Prozesse des Einnahmen-, Vorräte- und Ausgabenmanagements aufgezeigt wird. Für jede Kennzahl werden beispielhaft mögliche Interpretationen sowie mögliche Ursachen bei ungünstigen Werten benannt.

Auch die Gegenüberstellung von unterschiedlichen Indikatoren kann handfeste Erkenntnisse liefern.

Fallbeispiel

Bei einem Möbelhersteller zeigt sich bei der Gegenüberstellung von Forderungsreichweite und Verbindlichkeitenreichweite, dass er weitaus schneller zahlt, als er bezahlt wird.

Generelles Ziel sollte sein – soweit durchsetzbar und vernünftig – im Abgleich aller Working-Capital-Prozesse diese beiden Indikatoren im Gleichgewicht zu halten; besser noch: frühen Geldeingang bei später Zahlung zu erreichen.

Die Deutsche Bundesbank ermittelt regelmäßig auf der Datenbasis ihres Jahresabschlussdatenpools von Unternehmen verschiedene Kennzahlen für statistische Untersuchungen. Diese werden auch von Banken für Branchen- und Benchmarkanalysen eingesetzt und in ihren Kredit- und Ratingsystemen verwendet.

Für ausgewählte Branchen aus dem Industrie-, Handels- und Dienstleistungssektor sind in der folgenden Tabelle Kennzahlenwerte aufgeführt. Die Werte für das Debitorenziel, die Lagerbindung und das Kreditorenziel können von Unternehmen für eine erste Beurteilung ihrer Working-Capital-Performance verwendet werden.

Kennzahlen/Indikatoren	Interpretation	Mögliche Ursachen
Prozess: Order-to-Cash		
Forderungsreichweite (DSO: Days Sales Outstanding)	durchschnittlicher Zeitraum zwischen Rechnungslegung und Zahlung z. B. pro ▪ Kunde ▪ Verkäufer ▪ Monat	„Mahnprofi" falsche Kundenorientierung Fehllieferungen
ABC-Analyse des Forderungsbestandes	Kategorisierung der Kunden nach dem Forderungsbestand	„faule" Kunden
Altersstruktur der Forderungen nach Anzahl und Wert	Verteilungskurve für fällige und überfällige Forderungen	schleppender Forderungseinzug
Anzahl/Wert der Reklamationen/Gutschriften	Ursachenanalyse nach Kunden/Regionen/Produkten/ Verkäufern etc.	Schwerpunkte
Prozess: Total Supply Chain		
Bestandsreichweite (DIO: Days Inventory Outstanding)	durchschnittliche Tage Umsatzabdeckung durch Bestände bei einzelnen Materialien	Überbestände
Lieferanten-/Materialportfolio	Wichtigkeit der Lieferanten/ Materialien	ungünstige Lieferstrategien
Prognose-/Plangenauigkeit bei Bedarf, Produktion, Auslieferung	Vergleich geplante, produzierte, ausgelieferte Stückzahlen	niedrige Liefertreue
Prozessstörungen	Verzögerungen in der Auftragsabwicklung	keine stabilen Prozesse
Prozess: Purchase-to-Pay		
Verbindlichkeitenreichweite (DPO: Days Payables Outstanding)	durchschnittliche Tage Umsatzabdeckung durch Verbindlichkeiten	zu schnelle Zahlung
Lieferanten-Kategorisierung nach Einkaufsvolumen und Rechnungsanzahl	Übersicht über Lieferantenspektrum	zu viele Lieferanten
Anzahl/Termin der Zahlungsläufe	Häufigkeit	keine Abstimmung mit Zahlungszielen
Zahlung/Lieferantenrechnung	Vergleich mit Zahlungszielen	Abweichung von Standards

Tabelle 2: *Kennzahlen/Indikatoren für Working-Capital-relevante Prozesse*

Reichweitenanalyse/Benchmarks
(Werte für 2005/Angabe in Tagen)

Reichweiten \ Branche	Maschinenbau		Sonstiger Einzelhandel mit gemischtem Sortiment, z. B. Warenhäuser		Spedition und sonstige Verkehrsvermittlung	
	Median	*guter Wert*	*Median*	*guter Wert*	*Median*	*guter Wert*
Debitorenziel	36	24	5	1	36	25
Lagerbindung	53	31	62	42	0	-
	Median	*hoher Wert*	*Median*	*hoher Wert*	*Median*	*hoher Wert*
Kreditorenziel	38	63	29	39	57	124

Definitionen:

Debitorenziel = (Forderungen aus Lieferungen und Leistungen) x 360/Umsatz
Kreditorenziel = (Verbindlichkeiten aus Lieferungen und Leistungen und gez. Wechsel) x 360/Materialaufwand
Lagerbindung = Vorräte(gesamt) x 360/Umsatz

Quelle: HypoVereinsbank: Branchen- und Benchmarkanalyse für den Mittelstand, München Juni 2007
Abbildung 21: *Reichweitenanalyse/Benchmarks für ausgewählte Branchen*

4.5 Verbesserungshebel

Zur Verbesserung des Working-Capitals haben sich in der Praxis verschiedene Verbesserungshebel herauskristallisiert. Diese Verbesserungshebel beschreiben grundsätzliche Stoßrichtungen zur Verbesserung der Prozesse insbesondere bei den erwähnten Dimensionen Zeit, Qualität, Kosten und Flexibilität. Sie können bei einer Prozessuntersuchung als eine Art Checkliste zum Einsatz kommen.

Für die Working-Capital-wirksame Verbesserung von Prozessen unterscheiden wir sechs unterschiedliche Verbesserungshebel, die wir zunächst zusammenfassend darstellen und anschließend anhand von Beispielen beschreiben werden:

Verbesserungshebel	Merkmale	Beispiele
Eliminieren	Konzentration auf Kerntätigkeiten im Prozessablauf	Zahl der Prozessschritte reduzieren
Standardisieren	Reduzieren von Komplexität	Typisierung, Modularisierung
Differenzieren	Einführen von spezifischen Prozesskategorien	Unterscheidung von Normal-/Sonderabläufen
Integrieren	Abgestimmte Vernetzung von Prozessen	Just-in-Time-Lieferung
Stabilisieren	Schwankungen und Störungen reduzieren	Engpassbeseitigung
Qualifizieren	Feedback liefern und Lernen	Performance-Controlling, Training

Tabelle 3: *Verbesserungshebel für Working-Capital-relevante Prozesse*

4.5.1 Eliminieren

Abbildung 22 zeigt anhand einer Organisationsnetzanalyse den Auftragsdurchlauf eines Kundenauftrags durch ein Unternehmen und die dabei beteiligten Stellen. Generell gilt, dass die Durchlaufzeit des Auftrags mit der Zahl der angesprochenen Stellen steigt. Sofern die Auftragsbearbeitung noch stark händisch orientiert und wenig EDV-gestützt abläuft, muss allein für den Verwaltungsvorgang als Erfahrungswert pro Stelle mit einem halben Tag Durchlaufzeit gerechnet werden, sofern keine ausführlichen Arbeiten wie z. B. Konstruktionstätigkeiten oder Arbeitsplanerstellung notwendig werden. Im vorliegenden Fall würde also die Auftragsbearbeitung rund eine Woche erfordern, bevor der Auftrag zur Einsteuerung ins Werk gegeben wird.

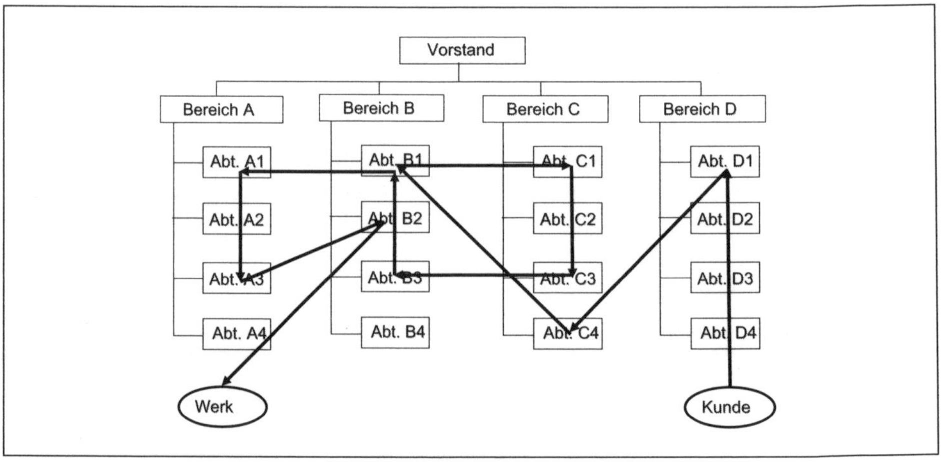

Abbildung 22: *Organisationsnetzanalyse (Beispiel)*

Kritisch untersucht werden sollten insbesondere diejenigen Prozessabschnitte daraufhin, wo der Auftragsdurchlauf dieselbe Stelle mehrfach anläuft.

Abbildung 23 zeigt anhand eines Fallbeispiels für die Stilllegung von Kraftfahrzeugen mit „Vorher" und „Nachher" deutlich, welche radikalen Verbesserungen in der Zahl der Prozessschritte durch Eliminieren, also hier durch Reduzierung der Schnittstellenzahl und Konzentration auf das Wesentliche, möglich sind.

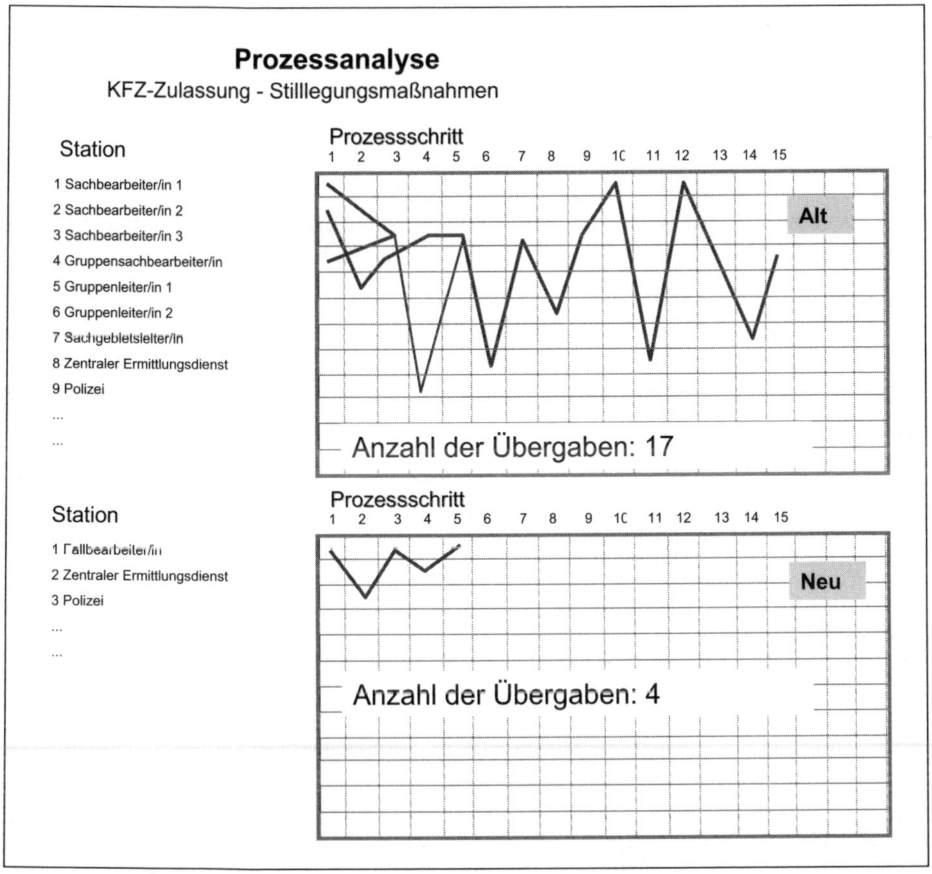

Quelle: Pieper, Ansger; Strötgen, Josef: Vorhandenes Potenzial nutzen – flexible Organisation in Fertigung und Verwaltung, Köln 1999

Abbildung 23: *Verbesserungshebel Eliminieren (Fallbeispiel)*

Weitere Beispiele für Eliminieren sind:

- Qualitätskontrolle durch den Lieferanten bei gleichzeitigem Entfallen der eigenen Wareneingangskontrolle

- Werker-Selbstkontrolle und Entfallen von separater Qualitätskontrolle
- Realisierung von Just-in-Time-Fertigung bei gleichzeitigem Entfallen von überflüssigen Lagerstufen
- Verzicht auf selten eingesetzte und anderweitig ersetzbare Typen, Teile, Materialien oder umsatzschwache Kunden, Lieferanten
- Verzicht auf unnötige Informationen auf Formularen und unnötige Berichte
- Einführen von Stichprobenkontrollen anstelle von 100-Prozent-Kontrollen

4.5.2 Standardisieren

Durch Standardisierung wird die Vielfältigkeit von Erscheinungsformen in Kategorien aufgeteilt. Damit wird einerseits die auftretende Komplexität reduziert und andererseits die Mehrfachverwendung der definierten Kategorien unterstützt.

Für jede Kategorie lassen sich spezifische Standard-Bearbeitungsmuster definieren. Solche Standards können Gültigkeit haben herstellerspezifisch nur für ein spezielles Unternehmen (beispielsweise spezielle Transportbehälter) oder können weltweit Industriestandard werden (beispielsweise Container-Standard gemäß Twenty-foot Equivalent Unit).

Standards begegnen uns in Unternehmen oder Branchen zum Beispiel bei der:

- Modulbauweise von Produkten (z. B. Plattform-Gedanke bei Pkw-Herstellern)
- Definition von Transportbehältern (z. B. Gitterbox)
- Festlegung von Zahlungskonditionen (z. B. abhängig von Umsatzgrößen)
- Aufteilung des Produktspektrums in Typen (z. B. Autoindustrie)
- Aufteilung der Kunden in Kundensegmente (z. B. nach Altersgruppen)
- Bereinigung des Forderungsbestands (z. B. durch systematische Mahneskalation)

Prägnante Fallbeispiele für den Handelsbereich zeigen sich bei Unternehmen wie Aldi oder Lidl: Das Layout der Filialen, das Produktprogramm, die Abläufe sind weitmöglichst standardisiert.

4.5.3 Differenzieren

Durch Differenzieren wird eine optimale Prozesslösung für spezifisch-definierte Aufgabenkategorien angestrebt. Abbildung 24 zeigt als Beispiel, dass bisher alle Lieferungen über einen Break-bulk-point liefen und nun zur Prozessoptimierung ergänzend Direktlieferungen eingeführt werden.

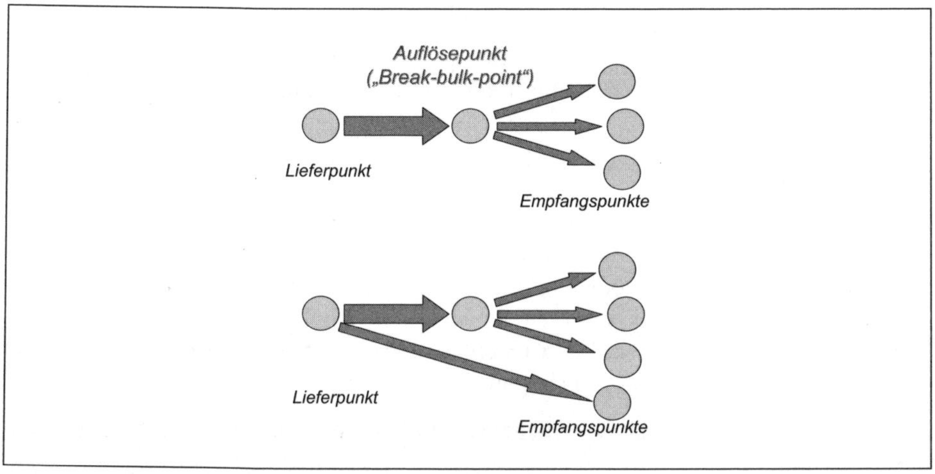

Abbildung 24: *Normal-/Sonderabläufe (Beispiel)*

Solche Direktlieferungen sind sinnvoll etwa bei:

- dringend benötigten Ersatzteilen
- großvolumigen Gütern
- Empfangspunkten, die regelmäßig große Mengen abnehmen (z. B. A-Kunden)

Weitere Beispiele für die differenzierende Behandlung von Prozessen sind:

- Unterscheidung nach „Rennern“, also gut laufenden Möbeln, und „Exoten“ bei einem Büromöbelhersteller
- Unterscheidung nach Normal-, Eil- und Chef-Aufträgen bei einem Küchenmöbelhersteller
- Differenzierung bei einem Kfz-Zubehörhersteller nach Weiterentwicklungsaufträgen, die hinsichtlich des Arbeitsaufwands relativ sicher planbar sind, und Neuentwicklungsaufträgen, die weitaus schwieriger planbar sind. Die Konsequenz dieser Differenzierung war, dass Projektmitarbeiter nur mit einer der beiden Auftragskategorien betraut wurden, da sich in der Praxis zeigte, dass ansonsten die ungeplanten Mehraufwände der Neuentwicklungen das Termingerüst auch für die besser planbaren Weiterentwicklungen aus dem Lot brachten.
- Spezifische Planungs-/Kontroll-/Materialwirtschaftsprogramme jeweils für A-, B-, C-Teile

Es kann durchaus zweckmäßig sein, Differenzierung und Standardisierung zu kombinieren: Die Vorteile der Standardisierung können sich beispielsweise auch dann ergeben, wenn man die Reihenfolge der Teilprozesse in einem Gesamtprozess derart verändert, dass zunächst ein Standardprodukt gefertigt wird und die Differenzierung durch Variantenbildung erst sehr spät erfolgt. Die Kapitalbindung während der Leistungserstellung kann dadurch in aller Regel markant gesenkt werden.

4.5.4 Integrieren

Integration als abgestimmte Vernetzung von Prozessen kann sich innerhalb der Unternehmensgrenzen abspielen oder- in aller Regel anspruchsvoller – sich über die Unternehmensgrenzen hinaus etwa zu Kunden und Lieferanten erstrecken. Just-in-Time-Lieferungen können z. B. in einem Unternehmen durchgeführt werden oder auch durch externe Lieferanten erfolgen.

Vorteile der Integration durch Vernetzung der Datenverarbeitung zeigen sich in folgendem Fallbeispiel:

> Eine Stichprobe bei einem Möbelhersteller zeigt, dass mehr als 50 Prozent aller Anlieferungen zu früh erfolgen. Wie sich bei einer Detailbetrachtung zeigt, machen die Lieferanten dies nicht ganz uneigennützig, da sie im Laufe der Zeit festgestellt haben, dass zu früh angelieferte Ware von dem Abnehmer sofort beglichen wird – und nicht erst nach dem eigentlich eingeplanten Liefertermin.

Das Resultat beim Abnehmer ist insbesondere:

- Liquiditätsbelastung
- blockierter Lagerplatz
- Extra-Handling

Über eine EDV-gestützte Integration konnte als Abhilfe schnell erreicht werden:

- Terminverfolgung der Anlieferungen per EDV
- Zurückweisung zu früher Anlieferungen
- Sperrung vorzeitiger Zahlungen bei zu früher Anlieferung

Weitere Beispiele für Integration sind:

- Verschmelzen von mehreren Teilprozessen zu einem Prozess (z. B. Reduzierung von Arbeitsteilung durch Bildung von autonomen Arbeitsgruppen)
- Simultanes Durchführen von Teilprozessen (z. B. Bearbeiten von Entwicklungsprojekten)
- Tracking & Tracing von Lieferungen (z. B. zur Sendungsverfolgung)
- Einführung eines integrierten Auftragsverfolgungssystems

Das Hinzufügen von Teilprozessen ist als Konsequenz des Verbesserungshebels „Eliminieren“ grundsätzlich nicht erwünscht. Doch es gibt Ausnahmen. Ein ergänzender Schritt kann für die Effizienzverbesserung eines Gesamtprozesses zweckmäßig oder sogar notwendig sein: Wenn beispielsweise die Automatisierung von Teilprozessen durch elektronisches Scannen von Teilen erfolgen soll, kann die Extra-Codierung von Werkstücken notwendig werden.

4.5.5 Stabilisieren

Stabilisieren bedeutet das Reduzieren von Schwankungen und Störungen. Wesentliche Voraussetzung ist die Transparenz über die Prozessverantwortung sowie über Soll und Ist.

Störungen und Schwankungen lassen sich nach ihren Ursachen übersichtlich mit dem 6-M-Diagramm analysieren. Dieses Instrument wird näher in Kapitel 4.6 erläutert. Abbildung 25 zeigt unter Verwendung der 6-M-Systematik ein Beispiel: dargestellt ist der Kriterienkatalog für die Störanalyse eines Bestückungsautomaten zur Platinenfertigung.

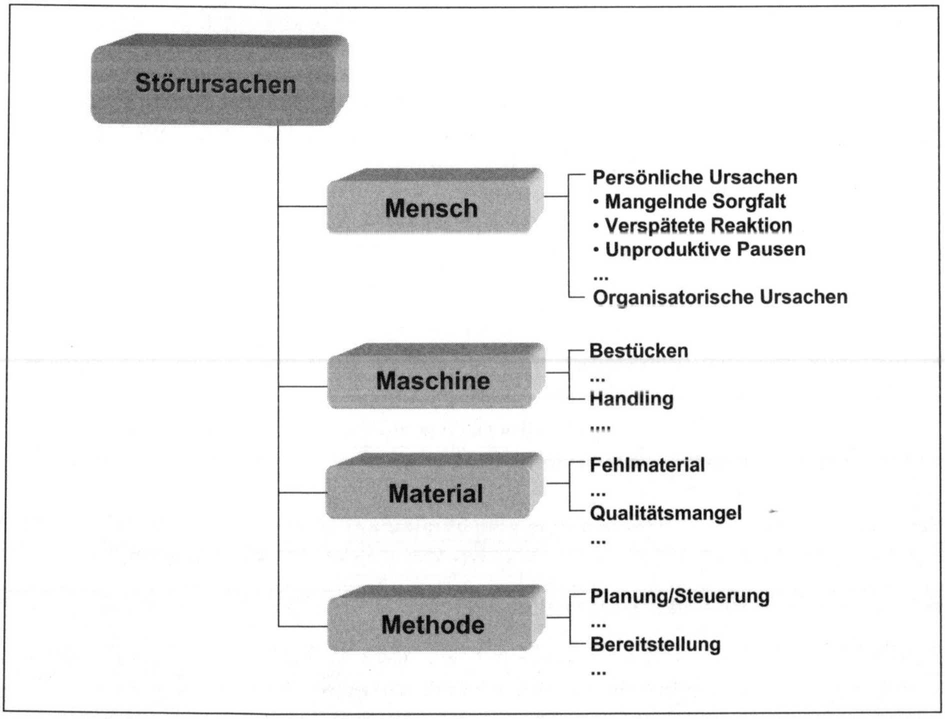

Abbildung 25: *Störursachenanalyse (Beispiel)*

Weitere Bespiele zur Stabilisierung sind:

- Lokalisieren und Beseitigen von Engpässen (z. B. Auslastungsgrenzen einer Lackieranlage)
- Reduzierung der Änderungshäufigkeit (z. B. bei Abrufaufträgen)
- Überarbeitung der Systematik zur Auslastungsplanung in der Fertigung (z. B. Berücksichtigung von stochastischen Zeitelementen)

4.5.6 Qualifizieren

Qualifizieren bedeutet Feedback liefern und Lernen.

Stellen Sie sich vor, Sie wollen Ihr Golfspiel verbessern. Am frühen Samstagmorgen gehen Sie zur Driving Ranch und schlagen engagiert einen Ball nach dem anderen in den frühmorgendlichen Nebel hinein. Die Ergebnisse Ihrer Schläge können Sie aufgrund des Nebels nicht unmittelbar verfolgen. Dafür erhalten Sie nach 6 Wochen als Feedback Ihrer Leistung eine Computerauswertung, auf der Schlag für Schlag mitsamt Ergebnis sauber verzeichnet ist.

Können Sie aufgrund dieses Feedbacks nun lernen und besser werden? Wahrscheinlich nicht.

Bei vielen Prozessen im Unternehmen verläuft das Lernen leider wie im aufgeführten Golfspiel: Das Feedback erfolgt nicht zeitnah, sondern verspätet. Ein Zuordnen zum konkreten Prozessablauf ist kaum noch möglich.

Beispiel

Bei vielen Unternehmen sind quartalsweise Reklamationsgespräche üblich. Hier bekommt man alle drei Monate einen Rückblick über die Reklamationsstatistik. Fundierte Analysen der Ursachen dürften ebenso wie schnelle Reaktionen zur Abhilfe nur erschwert oder gar unmöglich sein. Wir haben ein langsam lernendes, langsam reagierendes System vor uns.

Besonders wichtige Prozesse sollten also mit einem aktuellen Feedback verfolgt werden, damit man schnell lernt, die Soll-Ist-Abweichungen zu reduzieren.

Weitere Beispiele für Qualifizieren sind:

- Schulung aller betroffenen Mitarbeiter auf dem Gebiet des Working-Capital-Managements (z. B. über Bedeutung, Zusammenhänge, Beeinflussbarkeit)

- Einführung eines umfassenden Controlling-Systems zum Working-Capital-Management

4.6 Werkzeugkasten

Es klingt zunächst banal: Wer unterschiedliche Instrumente in seinem Werkzeugkasten hat und beherrscht, kann unterschiedliche Problemstellungen zielgerechter maßgeschneidert angehen. Wer dagegen nur einen Hammer besitzt und als Werkzeug kennt, für den ist jedes Problem ein Nagel.

Es ist sicher nicht zweckmäßig, den Werkzeugkasten mit vielen und dann auch wenig benutzten Instrumenten vollzustopfen. Das richtige Augenmaß ist vonnöten für eine möglichst knapp-überschaubare, dafür aber effiziente Auswahl.

Bei der in der weiteren Folge dargestellten Auswahl lassen wir uns von unseren Projekterfahrungen im Working-Capital-Management leiten. Leitlinie der Ausführungen ist stets die Fragestellung:

> Wie kann man Working-Capital durch gezielte Prozessgestaltung reduzieren?

Wir unterscheiden im Folgenden Instrumente für die Analyse und die Maßnahmenplanung.[5] Bei den Analyse-Instrumenten werden zunächst einige einfache, doch aussagekräftige Methoden zur Strukturanalyse vorgestellt. Es werden einige Kennzahlen ergänzt, die in Anlehnung an die Ausführung über Indikatoren eine vertiefende Analyse erlauben. Alsdann werden mit dem Fokus Working-Capital-Management die Grundzüge zur Prozessuntersuchung mit einschlägigen Werkzeugen aufgezeigt.

4.6.1 Strukturierung und Klassenbildung

Sowohl mit Hilfe der ABC- als auch der XYZ-Analyse ist es möglich, Ereignisse in Klassen einzuteilen und damit zu kategorisieren.

---

5 Man lernt eben nie aus! In den letzten Jahren haben sich in der Praxis doch viele veränderte Vorgehensweisen und neue Werkzeuge zur Prozessuntersuchung entwickelt. Dies wird deutlich im Vergleich mit älteren Veröffentlichungen. Vgl. z. B. Klepzig/Schmidt, 1997

ABC-Analyse

Die ABC-Analyse (auch: Pareto-Analyse) baut auf dem Pareto-Prinzip auf. Dieses empirisch begründete Prinzip besagt, dass nur wenige Ursachen ein Problem maßgeblich beeinflussen. Verallgemeinert bedeutet dies, dass eine kleine Gruppe von Ursachen (z. B. ca. 10 Prozent der Artikel in einem Unternehmen, sogenannte A-Artikel) einen großen Beitrag zu einem Ergebnis (z. B. etwa 70 Prozent des Umsatzes) liefern. Umgekehrt liefert eine große Gruppe von Ursachen (z. B. 70 Prozent der Artikel) einen nur kleinen Beitrag zum Ergebnis (z. B. 10 Prozent vom Umsatz, sogenannte C-Artikel). Dazwischen liegt die Klasse der sogenannten B-Artikel.

Mit dem Pareto-Diagramm (Abbildung 26) werden die drei Klassen und insbesondere die Klasse der wichtigsten Ursachen verdeutlicht. Die ABC-Analyse liefert damit eine Entscheidungshilfe, mit welcher Priorität die einzelnen Ursachen bearbeitet werden sollen. Als Hausaufgabe und Voraussetzung ergibt sich, die Palette der wesentlichen Ursachen möglichst vollständig zu erfassen.

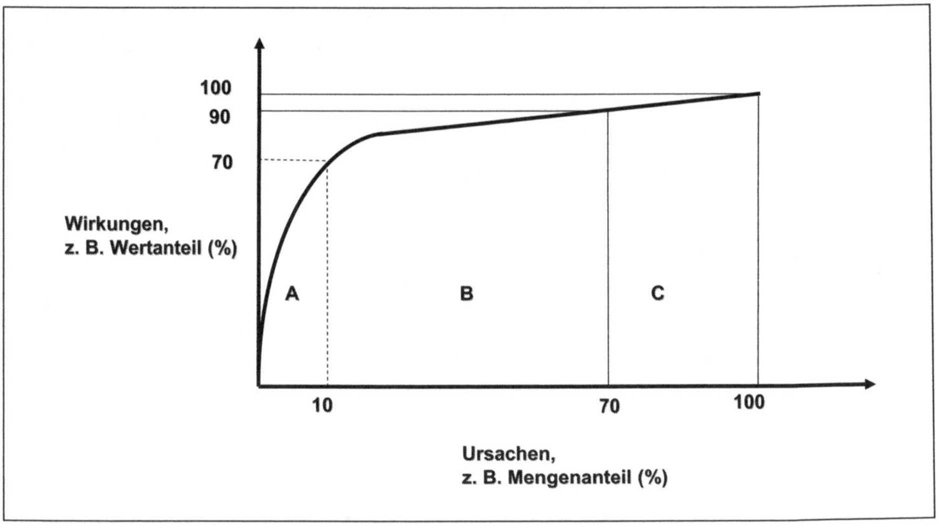

Abbildung 26: *Pareto-Diagramm (Prinzipskizze)*

Die quantitative Festlegung der Grenzen zwischen den Klassen A, B und C ist nicht fest vorgegeben, sondern wird in der Praxis meist nach freiem Ermessen flexibel gehandhabt. Die oben genannten Werte sind daher als Richtwerte zu verstehen. Andere Klassengrenzen werden beispielsweise deutlich in der 20/80-Erfahrungsregel, die in der Praxis zur Erarbeitung speziell der A-Ereignisse Verwendung findet (Abbildung 27).

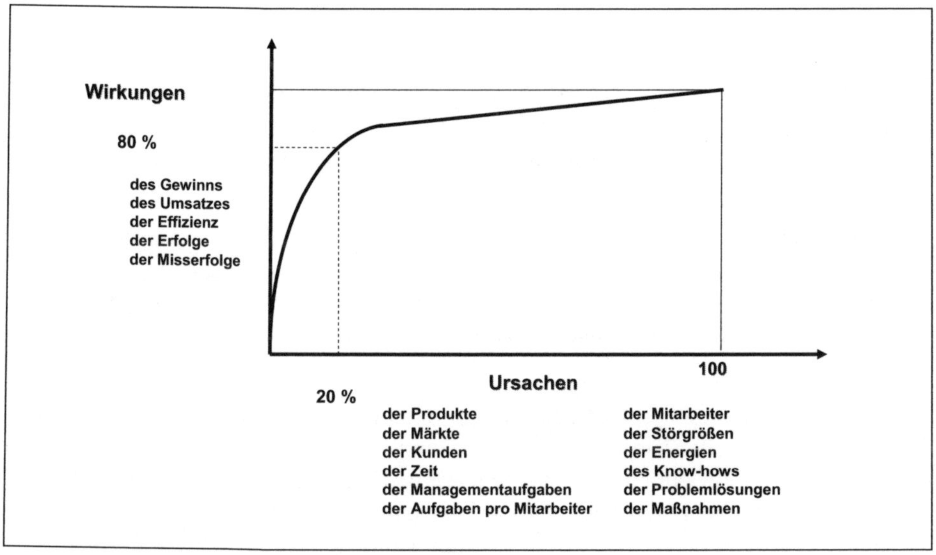

Abbildung 27: *Die 20/80-Erfahrungsregel*

Nachfolgend werden einige Einsatzbeispiele der ABC-Analyse für das Forderungs-, Bestands- und Einkaufsmanagement aufgezeigt.

Der Einsatz der ABC-Analyse im Forderungsmanagement wird im folgenden Fallbeispiel anhand einer Kunden- und Auftragsanalyse (Schemata in Abbildung 28 und Abbildung 29) deutlich. Leider wurden die Analysen bei dem hier beschriebenen Unternehmen zu spät erstellt. Der betriebswirtschaftliche K.o. des Unternehmens konnte nicht mehr verhindert werden:

Ein Beschlägehersteller für die Möbelindustrie hatte erhebliche Probleme hinsichtlich Liquidität und Ergebnis, obwohl der Betrieb bis zur Kapazitätsgrenze ausgelastet war. Die ABC-Analyse von Kundenumsatz und Auftragsgröße ergab:

- Etwa 60 Prozent der Kunden tragen zu einem kumulierten Umsatz von rund 2 Prozent bei.
- Etwa 1,5 Prozent der Kunden tragen zu einem kumulierten Umsatz von rund 50 Prozent bei.
- Etwa 25 Prozent der Aufträge liegen in der Größenordnung bis 50 Euro und liefern kumuliert einen Umsatz von 0,01 Prozent.
- Etwa 43 Prozent der Aufträge liegen in der Größenordnung bis 250 Euro und liefern kumuliert einen Umsatz von 0,65 Prozent.
- Etwa 9 Prozent der Aufträge liegen in der Größenordnung über 5.000 Euro und liefern kumuliert einen Umsatz von rund 90 Prozent.

Fazit

Das Unternehmen hat sich einerseits auf eine Vielzahl von Unternehmen mit nur kleinem Umsatzanteil eingeschossen und war andererseits maßgeblich von nur zwei größeren Kunden umsatzabhängig. Bei den Auftragsgrößen herrschten Klein- und Kleinstaufträge vor.

Weitere Untersuchungen ergaben, dass sich das Unternehmen als flexibler Lieferant für Kleinstmengen einen Namen gemacht hatte. Die Produktion arbeitete in Mini-Losen mit erheblichen Rüstzeitanteilen. Mindermengenzuschläge wurden jedoch nicht in Rechnung gestellt. Die Preisbildung erfolgte auf der Basis „normaler" Losgrößen.

Die Untersuchungsergebnisse bewirkten, dass die Geschäftsleitung zwar gegenzusteuern versuchte. Das hektische Forcieren des Vertriebs erbrachte zwar mehr Auftragsvolumen, jedoch bei unverändertem Spektrum an Auftragsgrößen und Artikelpreisen. Die schon angespannte Liquiditäts- (und Rendite-) Situation wurde dadurch vollends prekär: Das Unternehmen wurde illiquide.

ABC–Kundenklassifizierung				
Größengliederung	**Anzahl Kunden**	**% von Ges.zahl**	**€**	**% von Gesamt**
bis 1.000 €				
1.001 € bis 5.000 €				
5.001 € bis 10.000 €				
10.001 € bis 50.000 €				
50.001 € bis 100.000 €				
100.001 € bis 500.000 €				
500.001 € bis 1.000.000 €				
1.000.001 € bis 5.000.000 €				
>5.000.000 € bis				
Insgesamt		**100 %**		**100 %**
			Datum:	

Abbildung 28: *ABC-Kundenanalyse*

ABC–Auftragsgrößenklassifizierung				
Größengliederung	**Anzahl Aufträge**	**% von Ges.zahl**	**€**	**% von Gesamt**
bis 100 €				
101 € bis 200 €				
201 € bis 500 €				
501 € bis 1.000 €				
1.001 € bis 5.000 €				
5.001 € bis 10.000 €				
10.001 € bis 50.000 €				
50.001 € bis 100.000 €				
> 100.000 €				
Insgesamt		**100 %**		**100 %**
			Datum:	

Abbildung 29: *ABC-Auftragsanalyse*

Die ABC-Analyse wird weiterhin häufig zur wert- und mengenmäßigen Analyse der Lagerbestände eingesetzt. Abbildung 30 zeigt typische Analyseergebnisse.

Fallbeispiel: Analyse Lagerbestand

	A-Teile	B-Teile	C-Teile
Wertanteil	70%	20 %	10 %
Mengenanteil	5 %	20 %	75 %
Konsequenzen:			
Bedarfsermittlung	Programm-.....		Verbrauchsgesteuert
Lagerbewirtschaftung	individuelle.....		Hohe Lieferbereitschaft
Lagerentnahme	Einzel-.....		Gebindeweise Verrechnung
...			

Abbildung 30: *ABC-Analyse/Lagerbestand*

Als Konsequenz ergibt sich, dass die mengenmäßig geringe, jedoch wertanteilmäßig große Klasse der A-Teile einer intensiven Lagerbewirtschaftung unterzogen werden sollte, wohingegen die weit geringer werthaltige Klasse der C-Teile großzügiger behandelt wird. Detaillierte Vorschläge dazu finden sich in Tabelle 4.

Problemkreis	**A-Teile**	**C-Teile**
Bedarfsermittlung	Programmgesteuerte Bedarfsermittlung mit Hilfe einer Stücklistenauflösung	Verbrauchsgesteigerte Bedarfsmittlung
	Führen eines Verwendungsnachweises	Kein Verwendungsnachweis
Lagerbewirtschaftung	Differenzierter Lieferbereitschaftsgrad	Hoher Lieferbereitschaftsgrad
	Möglichst exakte Berechnung der Bestimmungs- und Bewirtschaftungsgrößen	Grobe Schätzung der Bestimmungs- und Bewirtschaftungsgrößen
	Häufiges Überprüfen der Größen	Überprüfen der Größen einmal im Jahr
	Individueller möglichst tiefer Sicherheitsbestand	Hohe Sicherheitsbestände
	Dynamische Bewirtschaftungsmodelle, z. B. P- und Q-Modell	Einfache statische Bewirtschaftungsmodelle, z. B. Andler-Modell
	Variable Bestellgrenze, welche sich dauernd dem Bedarf anpasst	Konstante Bestellgrenze, Anpassung einmal pro Jahr
	Permanente Überprüfung der Bestellgrenze	Periodische Überprüfung der Bestellgrenze
	Weitgehende Integration zwischen Bedarfsermittlung und Bewirtschaftung	Keine Integration
	Durchführung einer Verfügbarkeitsabklärung evtl. mit Bildschirm	Keine Verfügbarkeitsabklärung
	Einsatz hochqualifizierter Mitarbeiter	Einsatz mittelqualifizierter Mitarbeiter
	Computerlösungen	Handlösungen
Lagerverwaltung	Einzelverrechnung der Bezüge	Pufferbezüge
	Präzise Inventarüberwachung	Rudimentäre Inventarüberwachung
	Permanente Inventurkontrolle	Periodische Inventurkontrolle
	Periodische Soll-Ist-Vergleiche	Sporadischer Soll-Ist-Vergleich
Beschaffung	Besondere Anstrengung bei der Beschaffung (Lieferantenauswahl, Preisgestaltung etc.)	Keine besonderen Anstrengungen bei der Beschaffung
Verschiedenes	Große Anstrengung für Normierung und Variantenreduktion	Geringe Anstrengung für Normierung

Quelle: Soom, Erich: Optimale Lagerbewirtschaftung, Bern, Stuttgart 1976
Tabelle 4: *Materialplanung und -steuerung für A- und C-Teile*

Im Einkaufsmanagement kann die ABC-Analyse insbesondere Verbesserungspotenziale aufzeigen, wenn man die Lieferanten nach Einkaufsvolumen und Rechnungsanzahl gruppiert: In aller Regel decken 20 Prozent der Lieferanten 80 Prozent des Einkaufsvolumens ab. Es gibt also viele Kleinlieferanten. Hier stellt sich die Aufgabe der Lieferantenbereinigung.

Weiterhin zeigt die Analyse in aller Regel, dass für einige Kunden viele Rechnungen mit kleinen Rechnungsbeträgen vorliegen. Hier sollte das verstärkte Einführen von Sammelrechnungen geprüft werden.

Zusammengefasst zeigt sich:

> Mit der ABC-Analyse können Datenmengen nach ihrer Bedeutung geordnet werden. Unwesentliches lässt sich damit von Wesentlichem trennen.

XYZ-Analyse

Mit der XYZ-Analyse werden die Verbrauchsverläufe von Materialarten über die Zeitachse hinweg verfolgt und nach dem Grad der Vorhersagbarkeit des Verbrauchs in drei Klassen eingeordnet (Abbildung 31).

Teileklasse	Verbrauchsverlauf/ -schwankungen	Vorhersagbarkeit	Auswirkungen [1.]
X-Güter	regelmäßig/ gering	hoch	Niedrige Bestände durch verbrauchsnahe Anlieferung möglich
Y-Güter	leicht schwankend/ mittelgroß	mittel	Vorratsbeschaffung Geringe Sicherheitsbestände notwendig
Z-Güter	unregelmäßig/ sehr hoch	keine	Fallweise Beschaffung Sicherheitsbestände notwendig

[1.] Abhängig von Wiederbeschaffungszeiten und Teilebedeutung

Abbildung 31: *XYZ-Analyse*

X-Güter zeigen einen sehr gleichförmigen, nahezu schwankungslosen Bedarfsverlauf. Sie weisen daher einen hohen Grad an Vorhersagbarkeit auf. Sicherheitsbestände für außerordentlich hohe Extra-Verbräuche sind daher in aller Regel nicht notwendig. Für X-Güter sollte demnach bevorzugt eine verbrauchsnahe Anlieferung geprüft werden.

Z-Güter zeigen hohe Bedarfsschwankungen bei geringer Vorhersagbarkeit des Verbrauchs. Durch den völlig unregelmäßigen Verbrauch bietet sich eine fallweise Beschaffung an.

Y-Güter nehmen eine Zwischenstellung ein: Sie weisen im Verbrauchsverlauf saisonale Schwankungen oder Trends bei mittlerem Vorhersagbarkeitsgrad auf. Für diese Güter bietet sich bevorzugt die Prüfung von Vorratsbeschaffung an.

Abhängig insbesondere von den Wiederbeschaffungszeiten und der Bedeutung der Teile kann es selbst bei Z-Gütern erforderlich sein, Sicherheitsbestände vorzuhalten.

Beispiel

> Wenn ein Produkt neu eingeführt wird und einige Baugruppen mit zunächst nicht vorhersagbarem Verlauf verwendet werden, bietet es sich für potenziell kritische Baugruppen an, diese ausreichend auf Lager zu nehmen. Schließlich würde das Produktimage erheblich beschädigt, wenn der Kunde insbesondere bei Neuanläufen eine lange Wiederbeschaffungszeit in Kauf nehmen müsste.

Im Pkw-Sektor werden beispielsweise beim Modellanlauf potenziell kritische Teile und Baugruppen „aus Vorsicht" bevorratet.

Zusammengefasst zeigt sich:

> Die XYZ-Analyse liefert Aussagen insbesondere für eine zweckmäßige Ausgestaltung der Sicherheitsbestände.

Reichweitenanalyse

Kennzahlen für die Reichweitenanalyse wurden schon bei den Indikatoren für die Prozesse Order-to-Cash (DSO), Total Supply Chain (DIO) sowie Purchase-to-Pay (DPO) in Kapitel 4.4 dargestellt. Tatsächlich gehören diese Kennzahlen zu den in der Praxis meist verwendeten Kriterien bei der Leistungsbeurteilung des Working-Capitals in einem Unternehmen, die auch im Rahmen von Benchmarking mit Wettbewerbern häufig eingesetzt werden.

Nachfolgend werden unterschiedliche Berechnungsformen dieser Kennzahlen erläutert:

- DSO (Days Sales Outstanding)
  Mit der Kennzahl DSO wird die Forderungsreichweite beschrieben. Sie gibt an, wie viele Tage Umsatz im Forderungsbestand enthalten sind.
- DIO (Days Inventory Outstanding)
  Mit der Kennzahl DIO wird die Bestandsreichweite beschrieben. Sie gibt an, wie viele Tage Umsatz in den Vorräten enthalten sind.
- DPO (Days Payables Outstanding)
  Mit der Kennzahl DPO wird die Verbindlichkeitenreichweite beschrieben. Sie gibt an, wie viele Tage Umsatz in den Verbindlichkeiten enthalten sind.

In der Praxis findet man für alle drei Kennzahlen die Berechnung auf Monatsbasis zur Verfolgung der monatlichen Entwicklung wie auch auf Jahresbasis zum Vergleich mit dem Monat des Vorjahres. Beide Berechnungsformen führen dann zu ähnlichen Ergebnissen für die Reichweiten, wenn sich die Monatsumsätze in engem Korridor gleichmäßig bewegen.

Im Einzelnen gibt es unterschiedliche Varianten der Berechnung. Die gängigsten Formen werden nachfolgend dargestellt.

Berechnung auf Monatsbasis/Variante 1

Bei der Berechnung auf Monatsbasis kann man jeweils den Umsatz des Berichtsmonats zugrunde legen. Wir erhalten damit Variante 1 der Berechnung:

$$\text{DSO}_{\text{(Berichtsmonat)}} = \frac{\text{Forderungsbestand (brutto) am Ende des Berichtsmonats}}{\text{Umsatz (brutto) des Berichstmonats}} \text{ x Anzahl Tage/Berichtsmonat}$$

$$\text{DIO}_{\text{(Berichtsmonat)}} = \frac{\text{Vorräte am Ende des Berichtsmonats}}{\text{Umsatz (brutto) des Berichstmonats}} \text{ x Anzahl Tage/Berichtsmonat}$$

$$\text{DPO}_{\text{(Berichtsmonat)}} = \frac{\text{Verbindlichkeiten am Ende des Berichtsmonats}}{\text{Umsatz (brutto) des Berichstmonats}} \text{ x Anzahl Tage/Berichtsmonat}$$

Berechnung auf Monatsbasis/Variante 2

Bei der Berechnung auf Monatsbasis zur Verfolgung der monatlichen Entwicklung kann es bei stärkeren Umsatzschwankungen von Monat zu Monat erhebliche Sprünge bei den Reichweiten geben. Um diese Schwankungen zu mindern und die Aussagefähigkeit der Berechnung zu steigern, kann man mit der Ausschöpfungsmethode erfassen, wie viel Tage man vom Berichtszeitpunkt aus zurückgehen muss, um den Forderungsbestand bzw. die Vorräte bzw. die Verbindlichkeiten abzudecken. Wir erhalten damit Variante 2 der Reichweitenberechnung:

$DSO_{(Berichtszeitpunkt)}$ = Anzahl Tage, die man zurückgehen muss, damit der Umsatz den Forderungsbestand erreicht

$DIO_{(Berichtszeitpunkt)}$ = Anzahl Tage, die man zurückgehen muss, damit der Umsatz die Höhe der Vorräte erreicht

$DPO_{(Berichtszeitpunkt)}$ = Anzahl Tage, die man zurückgehen muss, damit der Umsatz den Bestand an Verbindlichkeiten erreicht

Das folgende Beispiel soll das Vorgehen anhand der Berechnung der Kennzahl DIO für den Berichtsmonat Oktober veranschaulichen:

Bestände Berichtsmonat n: Oktober	50.000 Euro
Umsätze Berichtsmonat n: Oktober	15.000 Euro
Umsätze Monat (n-1): September	15.000 Euro
Umsätze Monat (n-2): August	15.000 Euro
…	
./. Umsätze Monat (n-x): Juli	12.500 Euro
Restsaldo an Beständen, der den Monat (n-x) nicht mehr abdeckt	5.000 Euro

$DIO_{Oktober}$ =

Summe der Tage der ausgeschöpften Monate	Oktober	31	Tage
	September	30	Tage
	August	31	Tage
+			
$\frac{\text{Restsaldo x Tage des Monats (n-x)}}{\text{Umsatz in Monat (n-x)}}$	$\frac{5.000 \times 31}{12.500}$ =	12,4	Tage
	$DIO_{Oktober}$ =	104,4	Tage

Berechnung auf Jahresbasis

Bei der Berechnung auf Jahresbasis nimmt man als Basis den Jahresumsatz (brutto). Somit ergeben sich folgende Formeln:

$$DSO_{(Berichtsmonat)} = \frac{\text{Forderungsbestand am Ende des Berichtsmonats}}{\text{Jahresumsatz (brutto)}} x\,365$$

$$DIO_{(Berichtsmonat)} = \frac{\text{Vorräte am Ende des Berichtsmonats}}{\text{Jahresumsatz (brutto)}} x\,365$$

$$DPO_{(Berichtsmonat)} = \frac{\text{Verbindlichkeiten am Ende des Berichtsmonats}}{\text{Jahresumsatz (brutto)}} x\,365$$

Da bei der Reichweitenbetrachtung nach den unterschiedlichen Varianten durchaus unterschiedliche Ergebnisse entstehen, ist es etwa beim Benchmarking von großer Bedeutung, die verwendete Variante zu kennen.

Bei der Reichweitenanalyse wurde bisher auf folgende Beurteilungsdimensionen hingewiesen:

- Analyse der monatlichen Entwicklung
- Analyse mit Vorjahreszahlen

Daneben kann es zweckmäßig sein, Benchmarking mit anderen Unternehmen oder Abteilungen zu betreiben.

Es lassen sich drei weitere Beurteilungsmöglichkeiten ergänzen:

- Mit dem Best Possible DSO (BPDSO) erhält man einen optimalen DSO-Wert für den Fall, dass alle Zahlungsbedingungen genau eingehalten werden. Der Vergleich dieses Wertes mit dem aktuell ermittelten DSO-Wert liefert eine Aussage, wie weit dieser vom Optimum des BPDSO entfernt ist und damit eine Bewertung der Qualität des Forderungsmanagements. Der BPDSO-Wert basiert auf der durch Gewichtung der einzelnen Auftragszahlungsziele mit dem jeweiligen Umsatz pro Auftrag:

$$BPDSO = \frac{\text{Summe (Zahlungsziel x Umsatz) für alle Aufträge}}{\text{Gesamtumsatz}}$$

Die wesentlichen praktischen Erkenntnisse der Reichweitenanalyse lauten:

- Die Gegenüberstellung von DSO und DPO zeigt in Unternehmen vielfach, dass häufiger pünktlich-akkurat und schneller gezahlt wird, als man selbst sein Geld erhält. Das kann gezielte Strategie des Hauses sein, kann aber auch insbesondere auf eine Schwäche des Forderungsmanagements hinweisen.
- Die Gegenüberstellung von Bestandsreichweiten einerseits und Regellieferzeiten andererseits liefert Hinweise auf die Qualität des Bestandsmanagements: Bei kurzen Lieferzeiten und großen Reichweiten für bestandsgeführte Produkte liegt es nahe, eine mögliche Überbevorratung zu überprüfen.

Spezifische Analysen/Forderungsmanagement

Regelmäßig findet man im Rahmen von Working-Capital-Analysen im Forderungsmanagement besondere Verbesserungspotenziale. Dies gilt einerseits für das Tagesgeschäft, obwohl es aufgrund seines Wiederholungscharakters meist schon standardisiert ist. Dies gilt andererseits insbesondere für solche Aufträge, die separat spezifiziert und vereinbart werden, wie z. B. Entwicklungsaufträge. Hier ist in der Praxis häufig festzustellen, dass die Verantwortlichen weniger vertriebs- und cashorientiert sind und vereinbarte Zahlungen des Kunden nicht konsequent einfordern.

In beiden Fällen bietet sich als Ausgangspunkt für eine Analyse die Kategorisierung der Rechnungen einerseits nach Alter (z. B. in Tagen), andererseits nach Anzahl und Wert der Rechnungen an. Diese Analyse kann Endzahlungen umfassen oder auch für vereinbarte An- und Zwischenzahlungen erfolgen.

Mit dieser Betrachtung lassen sich zunächst Schwerpunkte an fälligen und überfälligen Rechnungen herausarbeiten. Eine Detailanalyse nach Gebieten, Kunden, Vertriebsmitarbeitern und sonstigen Ursachen (z. B. falsche Auftragsnummer oder Rechnungsadresse) kann folgen.

Auch bei Flops bieten sich Analysen an:

Die Verfolgung von abgeschriebenen Forderungen, Reklamationen und Gutschriften oder sogar Poenalen nach Anzahl und Wert zeigt zunächst Schwerpunkte auf. Auch hier kann eine Detailanalyse nach Gebieten, Kunden, Vertriebsmitarbeitern sowie anderen Ursachen, wie z. B. Produkten, vertraglichen Differenzen, zwecks Erarbeitung von Verbesserungen erfolgen.

Spezifische Analysen/Einkaufsmanagement

Wenn auch in verschiedenen Veröffentlichungen zur Verbesserung des Working-Capitals das Generalrezept ausgegeben und offensichtlich zunehmend praktiziert wird, den Lieferanten möglichst spät zu bezahlen, findet dieser Vorschlag dann seine Grenzen, wenn der Lieferant die Geschäftsbeziehung zornig innerlich aufkündigt und anfängt, Ersatzkunden zu suchen, oder gar illiquide wird.

Beim folgenden Fallbeispiel wussten die Lieferanten nicht, wie viel willkommener oder unwillkommener Zufall mitspielte. In jedem Fall waren sie sehr verärgert:

> In einem Tochterunternehmen wird der Nummernschlüssel der Mutter übernommen. Dabei kommt es zu Pannen und Verzögerungen. Dies wirkt sich auch auf die Umstellung der Auftragsnummern aus. Ergebnis ist, dass die Lieferanten ihre Rechnungsschreibung um Wochen verschieben müssen, da die Rechnungen beim Tochterunternehmen zunächst mangels Auftragsnummer nicht zugeordnet und gebucht werden können.

Die Einhaltung von Zahlungsvereinbarungen ist ein Hinweis für den Lieferanten auf die Zahlungsmoral und Verlässlichkeit des Kunden. Der Vergleich der vereinbarten Zahlungsbedingungen mit den Zahlungsbedingungen der Branche einerseits und der tatsächlichen Zahlungsweise andererseits sagt schnell etwas über die Zahlungsmoral des Kunden aus. Zahlungsverlässliche Kunden sind in aller Regel für den Lieferanten von besonderem Stellenwert, denen er daher auch möglichst z. B. bei Nachschubengpässen oder notwendigen Extra-Aktionen auf Kundenseite entgegenzukommen sucht. Dies kann sehr wohl Working-Capital-mindernd für den Kunden sein!

Bei der Prüfung der Zahlungsbedingungen im Rahmen der Working-Capital-Analyse ist auch die Skonto-Behandlung von Interesse: Natürlich nimmt man gerne Skonto bei schneller Zahlung in Anspruch. Zu prüfen ist jedoch, ob einerseits die dafür erforderliche Liquidität vorhanden ist oder ob vielleicht andererseits eine alternative Nutzung der Liquidität einen höheren Ertrag bringt.

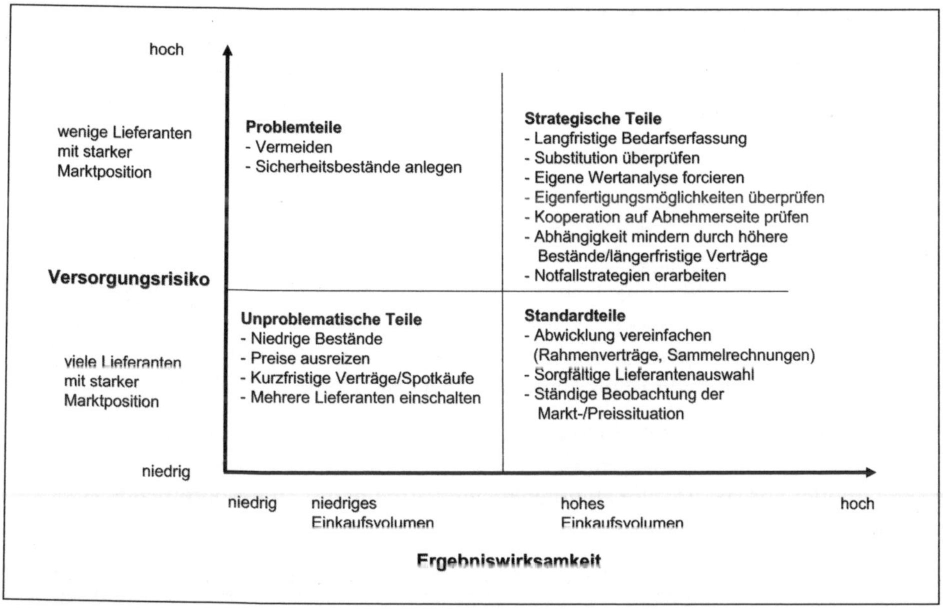

Abbildung 32: *Versorgungs-Risiko-Portfolio*

Mit der Positionierung der einzukaufenden Materialien in einem Versorgungs-Risiko-Portfolio (Abbildung 32) erkennt man die unproblematischen Commodity-Teile und Standard-Teile, für die in aller Regel nur geringe (Sicherheits-)Bestände anzulegen sind. Es werden aber auch die Problem-Teile und Strategischen Teile deutlich, für die gezielt Sicherheitsbestände aufzubauen oder Notfall-Strategien zu erarbeiten sind.

4.6.2 Prozessuntersuchung

Die Ausgangsposition dieses Buches ist:

> Die Verbesserung der Working-Capital-Situation eines Unternehmens erfordert gezieltes Prozessmanagement.

Demgemäß werden nun zunächst einige Grundlagen des Prozessmanagements dargestellt, damit durch die Gestaltung der Prozesse zielgerichtet eine Working-Capital-Verbesserung erreicht werden kann. In der Praxis hat sich als zweckmäßig erwiesen, eine Prozessuntersuchung nach dem oben schon beschriebenen Vorgehensmuster (Kapitel 4.1) in Schritten durchzuführen:

- Anamnese/Analyse: Was ist los?
- Diagnose: Wie ist es zu bewerten?
- Therapie: Wie gehen wir es an?

Dieser Schrittfolge entsprechend gehen wir ein auf:

- Prozessbeschreibung
- Prozessdiagnose
- Prozessmodellierung

Die Prozessmodellierung ergibt sich dann als Eliminieren der erkannten Schwachstellen. Mit dieser Einteilung in drei Schritte lässt sich die Übersicht über die Elemente des Prozessmanagements erhöhen. Dabei wissen wir sehr wohl um mögliche Schwächen dieser Einteilung: In Praxisprojekten zeigt sich, dass diese so logisch klingende Einteilung nicht immer eingehalten werden kann oder sollte:

- In aller Regel erfolgt eine Prozessbeschreibung nicht zweckneutral, sondern wird durch erste Diagnose-Ergebnisse oder das Erfahrungswissen der eingesetzten Mitarbeiter auf spezifische zu untersuchende und damit zu beschreibende Aspekte hingelenkt.
- Häufig liegt mit der Prozessbeschreibung die Diagnose unmittelbar auf der Hand.
- Häufig ergibt sich aufgrund der Diagnose unmittelbar ein Vorschlag zur Prozessgestaltung.
- Häufig wird aufgrund erster Ergebnisse der Prozessuntersuchung das Ziel oder die Vorgehensweise der Untersuchung geändert. Das bedeutet, dass die Untersuchung dann iterativ und nicht linear erfolgt.

Unternehmensprozesse

Bevor die Möglichkeiten der Prozessbeschreibung aufgezeigt werden, ist es an der Zeit darzulegen, was unter einem Prozess verstanden wird. Grundsätzlich geht es bei einem Prozess darum, dass ein Input durch Operationen in einen Output umgesetzt wird. Die Definition nach DIN EN ISO 8402 lautet:

> Ein Prozess ist ein Satz von in Wechselbeziehungen stehenden Mitteln und Tätigkeiten, die Eingaben in Ergebnisse umgestalten.

Nach dieser Definition finden Prozesse am Arbeitsplatz, in Abteilungen, in Betrieben, zwischen Betrieben statt. Wir können Hauptprozesse und untergeordnete Teilprozesse unterscheiden. Diese lassen sich weiter in Tätigkeiten untergliedern.

Im Prinzip kann jedes Unternehmen seine Hauptprozesse individuell kategorisieren. Es gibt Unternehmen, die mehrere Dutzend Hauptprozesse unterscheiden. Bei einer so umfassenden Darstellung besteht jedoch die Gefahr, dass die Transparenz verloren geht. Als übersichtlich erscheint eine hierarchische Gliederung: eine überschaubare Zahl wesentlicher Hauptprozesse in einem Unternehmen wird in wenige Teilprozesse unterteilt, die weiter unterteilt werden. Ein Beispiel dafür ist folgende Einteilung der Unternehmensprozesse:

1. Kundenmanagementprozesse (Markt-/Kundenbearbeitungsprozesse)
2. Innovationsprozesse (Produkt-/Leistungsentwicklungsprozesse)
3. Produktions-/Logistikprozesse (Produkt-/Leistungserstellungprozesse)
4. Gesetzlich vorgeschriebene/soziale Prozesse (Prozesse, die die betriebliche Gemeinschaft und die Umwelt betreffen)

Diese Hauptprozesse lassen sich weiter in Teilprozesse unterteilen, beispielsweise:

- Kundenmanagementprozesse, z. B.:
  - Markt-Analysen
  - Kundenauswahl
  - Kundenakquisition
  - Kundennutzen-Analyse
  - Verkaufsprozesse
  - Rechnungsstellung
- Innovationsprozesse, z. B.:
  - Produktideenfindung
  - Feasibility Study
  - Entwicklung/Design
  - Produktvorbereitung
  - Pilotfertigung

- Produkt-/Leistungserstellungsprozesse, z. B.:
  - Beschaffung
  - Produktionsplanung/-steuerung
  - Produktion
  - Distribution
  - Entsorgung
- Gesetzlich vorgeschriebene/soziale Prozesse, z. B. zu den Themen:
  - Umwelt
  - Arbeitssicherheit/Gesundheit
  - Steuern

Die weitere Unterteilung der Teilprozesse führt schließlich zu Tätigkeiten wie zum Beispiel „Erstellen der Auftragsbestätigung“ oder „Erstellen der Rechnung“.

Abbildung 33 stellt ein Prozessmodell für ein Prozess-Element dar.

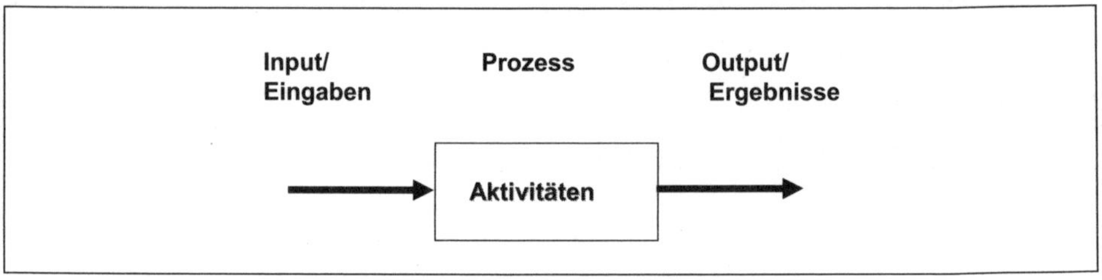

Abbildung 33: *Prozessmodell*

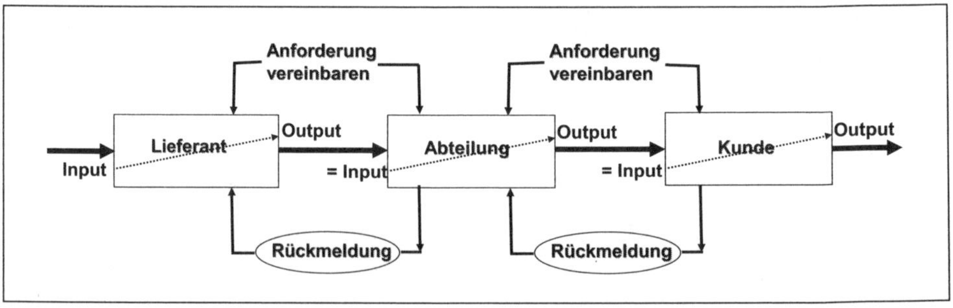

Abbildung 34: *Ausschnitt einer Prozesskette*

In Abbildung 34 sind mehrere Prozesselemente hintereinander für eine Abteilung angeordnet. Aus dieser Abbildung wird deutlich, dass jeder Prozesskunde zugleich Prozesslieferant für den nächsten Prozessabschnitt ist. Prozesslieferant und/oder Kunden können dabei unternehmensintern oder -extern eingeordnet sein.

Da die Prozessergebnisse (Output) in Form von Produkten oder Dienstleistungen an die Kunden gehen, müssen sie den Kundenanforderungen entsprechen. Dies gilt wiederum generell für unternehmensinterne wie externe Kunden. Der Kunde bestätigt ausdrücklich oder durch stillschweigende Annahme der Leistung die Übereinstimmung der erhaltenen Produkte oder Dienstleistungen mit seinen Anforderungen. Reklamierte Mängel beeinträchtigen den Prozessfluss und das Working-Capital durch Nacharbeit, Zahlungsverzug oder Reduzierung der Rechnungssumme.

Auch auf Seiten der Eingaben (Input) sind Anforderungen zu beachten. Diese ergeben sich unmittelbar durch die Tätigkeitsanforderungen im Prozessabschnitt.

Falls die Eingabe-Anforderungen nicht eingehalten werden, muss die Differenz durch die Prozessverantwortlichen mit Mehraufwand ausgeglichen werden. Wenn dies nicht geschieht, werden die Ergebnisanforderungen nicht erreicht.

Konkret bedeutet das zum Beispiel, dass bei teilweise fehlenden Eingabe-Daten ein Prozessverantwortlicher einen nicht-vereinbarten Extra-Leistungsaufwand einzubringen hat, um sich beispielsweise durch Rückfragen diese Daten zu beschaffen. Andernfalls sind die vereinbarten Ergebnis-Anforderungen nicht erreichbar. Auch dieser Extra-Leistungsaufwand und -Zeitverzug beeinträchtigen den Prozessfluss und das Working-Capital.

Die messbaren Eingaben für den Prozess einerseits sowie Ergebnisse des Prozesses andererseits sind Informationen und/oder Materialien sowie monetäre Größen.

Beispiele für Prozesseingaben sind:

- Zeichnungen
- Formulare
- Rohstoffe
- Halbfabrikate
- Telefonate
- Gespräche
- DV-Daten
- Cash

Durch die Operationen werden die Eingaben zu Ergebnissen geformt. Beispiele für Prozessergebnisse sind:

- Verträge
- Bestellungen
- Produkte
- Dienstleistungen
- DV-Auswertungen
- Cash

Unter ökonomischen Gesichtspunkten ist diese Umformung wie generell bei Kunden-Lieferanten-Beziehungen erst dann sinnvoll, wenn der Kunde einen Mehrwert des Ergebnisses gegenüber den Eingaben feststellt, d. h. ein Added-Value geschaffen wird. Andernfalls ist zu prüfen, ob der Prozessschritt eliminiert werden kann.

Prozessmanagement: Aufgaben

Die wesentlichen Aufgaben, die sich bei der Einführung von Prozessmanagement ergeben, sind:

1. Prozessbesitzer benennen und Prozessgrenzen festlegen
2. Aufstellen der Prozesskunden sowie Lieferanten
3. Festlegen der Aufgaben im betrachteten Prozessabschnitt
4. Definieren der Messpunkte und Durchführen der Messungen
5. Aufbau eines Regelungssystems
6. Verbesserung des Prozessmanagement-Systems

Es ergeben sich folgende Aufgaben im Detail:

1. Prozessbesitzer benennen und Prozessgrenzen festlegen

Der Prozessbesitzer ist innerhalb klar definierter Prozessgrenzen für einen bestimmten Prozessabschnitt verantwortlich. Die Prozessgrenzen können zum Beispiel durch Räumlichkeiten oder auch Kostenstellengrenzen vorgegeben sein. Das Grundprinzip des Prozessmanagements heißt: Für jeden Prozess muss eine Person verantwortlich sein. Allerdings gibt es hier auch Hierarchien: So kann ein Prozessbesitzer für einen Hauptprozess verantwortlich sein und damit zuständig für verschiedene Teilprozess-Besitzer mit ihren Teilprozessen.

Generell steuert der Prozessbesitzer die Erstellung des Produktes oder der Dienstleistungen. Er ist berechtigt, die notwendigen Mittel bereitzustellen und zuzuordnen sowie Änderungen zu veranlassen. Darüber hinaus ist er zu ständiger Verbesserung des Prozesses verpflichtet.

Wenn ein Prozess nur innerhalb einer Abteilung abläuft, ist es meist nicht schwierig, einen verantwortlichen Prozessbesitzer zu benennen. Falls sich aber der Prozess über verschiedene Abteilungen erstreckt, kann es aufgrund von Interessenkonflikten für den Prozessbesitzer äußerst problematisch sein, in den einzelnen Abteilungen seiner Prozessverantwortung gemäß tätig zu werden. Wenn in einem Prozessabschnitt ein Prozessbesitzer fehlt, ist in aller Regel dort mit einem besonderen Working-Capital-treibendem Prozessverhalten zu rechnen.

Die Praxis zeigt:
In einem Lagerbereich, für den sich niemand zuständig fühlt, sammeln sich in kurzer Zeit Restbestände, Retouren, Altmaschinen und sonstige Überbleibsel aus der Firmengeschichte.

2. *Aufstellen der Prozesskunden sowie Lieferanten*

Neben den Prozesskunden sowie -lieferanten müssen deren Anforderungen festgelegt werden.

3. *Festlegen der Aufgaben im betrachteten Prozessabschnitt*

Auf der Grundlage der Eingaben werden die Einzelaktivitäten für den betrachteten Prozessabschnitt chronologisch in ihrem Zusammenhang dargestellt, die zu dem vom Prozesskunden gewünschten Ergebnis führen sollen.

In der Praxis zeigt sich bei diesem Schritt häufig, dass der Prozess

- den Mitarbeitern im Zusammenhang nicht bekannt war,
- bisher unzureichend dokumentiert war,
- unnötige Schleifen aufweist,
- logische Fehler beinhaltet.

4. *Definieren der Messpunkte und Durchführen der Messungen*

Gemäß der Blackbox-Methode werden Messpunkte insbesondere an den Prozessgrenzen definiert, an denen Eingaben und Ergebnisse gemessen werden. Durch die Messung kann bestimmt werden, ob die Anforderungen für Eingaben und Ergebnisse eingehalten werden.

Eine Messung in der Blackbox, also im betrachteten Prozessabschnitt, wird in aller Regel erst dann durchgeführt, wenn Eingaben oder Ergebnisse nicht unmittelbar erklärbare Abweichungen vom Soll aufweisen.

5. *Aufbau eines Regelungssystems*

Abweichungen vom Soll bei Eingaben oder Ergebnissen sollen beherrscht zurückgefahren werden. Dafür ist ein Regelungssystem notwendig, das diesen Abweichungen derart rechtzeitig gegensteuert, dass Maßnahmen am Prozess ausreichen und keine Korrekturmaßnahmen am fertigen Ergebnis notwendig sind (Abbildung 35).

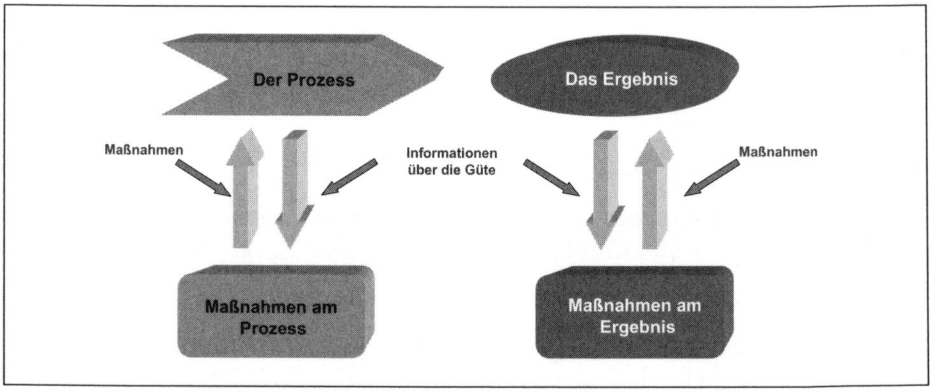

Abbildung 35: *Korrekturmaßnahmen am Prozess und am Ergebnis*

Die Merkmale eines beherrschten Prozesses sind:

- Die Anforderungen des Kunden werden kontinuierlich abgedeckt, Kundenzufriedenheit wird kontinuierlich erreicht.
- Die Lieferanten halten durchweg die Anforderungen ein, die die Prozessaufgaben an die Eingaben stellen.
- Aufgrund von Trenddaten werden sich ankündigende Fehler rechtzeitig lokalisiert und korrigiert.
- Es gibt keine signifikanten Abweichungen.

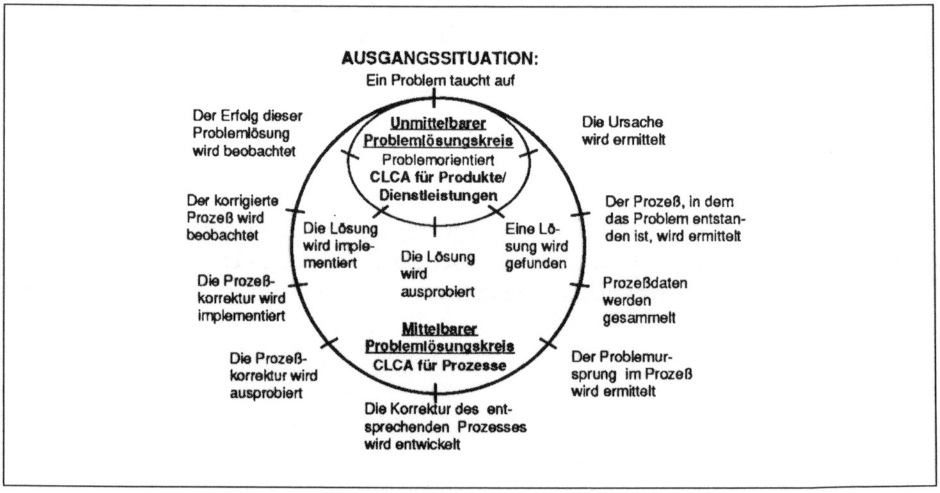

Quelle: NCR: Prozessmanagement, Firmenbroschüre o. J.
Abbildung 36: *CLCA-Methode*

Die CLCA-Methode (Closed Loop Corrective Action) kann mit ihren Schritten bei Soll-Ist-Abweichungen im Ergebnis (Produkte/Dienstleistungen) oder im Prozess als Schrittmacher-Checkliste verwendet werden (Abbildung 36).

6. *Verbesserung des Prozessmanagement-Systems*

Das gesamte System soll ständig verbessert werden, um die Leistungsfähigkeit des Prozesses zu erhöhen. Während das in Schritt 5 beschriebene Regelungssystem dazu beitragen soll, dass der Prozess das definierte Soll erreicht, bedeutet Schritt 6, dass die Definition des Prozesses verändert wird, um eine bessere Prozessfähigkeit zu erreichen. Diese Veränderungen können die Eingabe, Aktivitäten und das Ergebnis des Prozesses betreffen.

Genauigkeit der Prozessbeschreibung

Es ist keine besondere Weisheit – und wird doch in der Praxis nicht immer beherzigt –, dass mit der Genauigkeit der Prozessbeschreibung die Diagnosemöglichkeiten beeinflusst werden. Zur Veranschaulichung dieser Aussage wählen wir wiederum ein Beispiel aus dem medizinischen Bereich:

Vor 200 Jahren gab es noch nicht die Möglichkeiten der Patientenuntersuchung z. B. durch Röntgenaufnahmen oder Kernspin-Tomografie. Damit waren Diagnose-Aussagen etwa zu Knochenbrüchen oder Tumorerkrankungen aus der Sicht entsprechender Experten nicht mit der Präzision möglich, wie sie heute möglich sind.

Das Gleiche gilt für die Beschreibung von Prozessen. Diese lassen sich ebenfalls aus unterschiedlichen Blickwinkeln und/oder mit unterschiedlicher Genauigkeit beschreiben. Dementsprechend werden die darauf aufbauenden Diagnosemöglichkeiten beeinflusst.

Da eine Prozessbeschreibung immer einen Aufwand darstellt, ist es zweckmäßig, sich vor der Beschreibung über die

- Untersuchungsziele,
- den Prozesstyp und
- die Grenzen der Untersuchung

klar zu werden, um demgemäß den Beschreibungsaufwand in Relation zum erwarteten Nutzen in Balance zu halten.

Untersuchungsziele

Eine Prozessbeschreibung um der Beschreibung willen ist in aller Regel wirtschaftlich unsinnig. Konkret bedeutet es nichts anderes, als dass man sich bereits vor der Prozessbeschreibung Gedanken über die Untersuchungsziele und zugehörige mögliche Prozessdiagnosen gemacht haben sollte.

Wenn das Hauptinteresse der Untersuchung zum Beispiel auf Durchlaufzeit, Kapitalbindung oder Zahlungseingang liegt, sind gezielt unterschiedliche Prozessbeschreibungen zu erstellen, die entsprechende Aussagen ermöglichen. Prozess-Routiniers kennen aus ihrer Erfahrung übliche Prozessstolpersteine und setzen demgemäß von vornherein zielgerichtet Prozess-Beschreibungsinstrumente ein.

Bei der hier interessierenden Frage, wie sich das Working-Capital-Management durch gezielte Prozessveränderungen verbessern lässt, geht es um die Diagnose von Qualitäten, Zeiten, Kosten und Flexibilität des zugrunde liegenden Prozesses, wie wir im Abschnitt über die Prozessdiagnose erläutern werden.

Deshalb sollten Prozessbeschreibungen zu einzelnen oder allen genannten Aspekten Aussagen erlauben.

Prozesstyp

Es wurde bereits festgestellt: Eine Prozessuntersuchung stellt immer einen Aufwand dar. Je vorhersehbarer und häufiger die Prozesse ablaufen, die verändert werden sollen, umso mehr lohnt sich eine Untersuchung; umso detaillierter sollten die Analyse und Gestaltung der Prozesse erfolgen.

	Aufgaben- / Prozeßtyp I "Einzelfall"	Aufgaben- / Prozeßtyp II "Projektfall"	Aufgaben- / Prozeßtyp III "Regelfall"	Aufgaben- / Prozeßtyp IV "Routinefall"
Aufgaben-Komplexität / Variabilität	sehr hoch	hoch	niedrig	sehr niedrig
Plan- und Strukturierbarkeit	sehr niedrig	niedrig	hoch	sehr hoch
Gleichartigkeit und Wiederholungsgrad	sehr gering sehr selten	gering selten	hoch häufig	sehr hoch sehr häufig
Determinierbarkeit 'fester' Prozeßfolgen	sehr niedrig	niedrig	hoch	sehr hoch
Idealisierte Prozeßmuster				
Reengineering-Schwerpunkt				

Quelle: Nippa, Michael: Anforderungen an das Management prozessorientierter Unternehmen, in: Nippa, Michael; Picot, Arnold (Hrsg.): Prozessmanagement und Reengineering. 2. Aufl., Frankfurt am Main 1996

Abbildung 37: *Aufgabenabhängige Prozessgestaltung*

Ausgehend vom Einsatz des Projektmanagements bei Einzelfallaufgaben bietet sich auf dem Weg über Projektfall- und Regelfallaufgaben zu Routineaufgaben immer mehr die vertiefende Untersuchung durch Prozessanalysen oder sogar detailliertere Arbeitsablaufanalysen an. Dabei ist es durchaus möglich, durch eine Standardisierung von Prozessen den Wiederholungsgrad zu erhöhen und zum Bespiel aus dem Prozesstyp „Projektfall" einen Prozesstyp „Regelfall" zu formen (Abbildung 37).

Grenzen der Untersuchung

Im Rahmen von Prozessveränderungen wird manchmal deutlich, dass die Tragweite der Veränderungen nicht überblickt wurde. Insbesondere werden unveränderbare Randbedingungen häufig nicht ausdrücklich als Projektgrenzen definiert. Aus den Erfahrungen mit Projekten mit Prozessveränderungen ergibt sich folgende Empfehlung:

Stellen Sie bei Projekten zu Prozessveränderungen Folgendes klar:

- In welchem Umfang/In welchem Zeitraum sollen durch prozessorientierte Analyse und Gestaltung neben den organisatorischen Strukturen und Arbeitsfolgen auch insbesondere

  - das betriebliche Planungs- und Steuerungssystem,
  - das Leistungsprogramm,
  - die Qualifikation und Verhaltensweise der Mitarbeiter,
  - die eingesetzte Produktions- und Informationstechnologie

  miteinbezogen werden?

- Welcher dieser Bereiche soll für welchen Zeitraum nicht verändert werden?
- Ist ein wechselseitiger Abgleich zwischen Prozessveränderungen und der Unternehmensstrategie zugelassen, oder wird die existierende Unternehmensstrategie priorisiert und nicht infrage gestellt?
- Sollten bei Prozessveränderungen auch wünschenswerte Veränderungen zur Unternehmensvision und zu den grundsätzlichen Verhaltensspielregeln (normative und konstitutionelle Managementelemente) vorgeschlagen werden oder sind dies Tabu-Themen?
- Sollen nur unternehmensinterne oder nur unternehmensexterne Prozessabläufe zu Lieferanten und/oder Kunden oder alle gemeinsam optimiert werden?

Beeinflussung der Messung

Bei der Beschreibung von Prozessen ist man zwecks neutraler Analyse an einer möglichst objektiven Darstellung interessiert. Aus der Physik ist allerdings bekannt, dass durch die Messung eines Vorgangs der Vorgang selbst beeinflusst wird. Ähnliches gilt für die Organisationsarbeit.

Ein typisches Verfahren der Prozessbeschreibung basiert auf Beobachtung und Interviews. Wer Mitarbeiter in einem Prozessablauf beobachtet oder zu einem Prozessablauf befragt, stellt diese Mitarbeiter auf eine Bühne. Nicht immer ist klar, welche Rolle die Mitarbeiter dann spielen und welche Informationen sie weitergegeben haben oder weitergeben wollen.

Durch Vergleich verschiedener Informationen aus unterschiedlichen Informationsquellen wird man versuchen, eine möglichst neutrale Analyse zu erstellen.

Falls Informationen als zu stark gefärbt erscheinen, kann es zweckmäßig sein, ein anderes typisches Verfahren der Prozessbeschreibung zu wählen: Man stützt sich auf dokumentierte Daten der Vergangenheit. Beispiele für solche dokumentierte Daten etwa im Rahmen einer Durchlaufanalyse eines Auftrags können sein:

- Termindaten zum Auftragseingang beim Unternehmen
- Termindaten zum Auftragseingang und zur Fertigstellung in den einzelnen betroffenen Abteilungen
- Termindaten zur Versendung, zur Rechnungsstellung und zum Inkasso

Voraussetzung ist natürlich, dass diese Daten nicht schon in der Vergangenheit manipuliert worden sind.

Damit werden zwei Arten der Prozessbeschreibung charakterisiert:

- *Induktive Prozesserfassung*
  Bei der oben zuerst aufgeführten Art der Prozessbeschreibung handelt es sich um eine induktive Erfassung: Auf der Basis empirischer Beobachtungen wird vom Besonderen ausgehend auf das Allgemeine geschlossen. Im Kern wird hier die unmittelbare Beobachtung von Abläufen vorgenommen, beispielsweise durch Interviews (z. B. Mitarbeiterinterviews entlang der Kernabläufe des Unternehmens) oder Informationserfassung vor Ort (z. B. Stichproben), um durch Verallgemeinerung Erkenntnisse über den Prozessablauf zu gewinnen.
- *Deduktive Prozesserfassung*
  Bei der nachfolgend dargestellten Art der Prozessbeschreibung handelt es sich um eine deduktive Erfassung: Aus allgemeinen Aussagen (Prämissen) werden auf logischem Wege Schlussfolgerungen (Konklusionen) abgeleitet. Wesentliche Voraussetzung ist, dass die Aussagen wahr sind. Im Kern geht es in der Praxis insbesondere um Schreibtischarbeit mit der Auswertung vorhandener Unterlagen, die

in einem logischen Zusammenhang stehen. Aus Informationen zu Verkaufsplänen, Arbeitsplänen, Stücklisten und Betriebslayout lassen sich beispielsweise spezifische Aussagen zum Materialfluss ableiten.

In der Praxis der Prozessbeschreibung werden beide Möglichkeiten meist kombiniert eingesetzt.

4.6.3 Prozessbeschreibung/-erfassung

Es geht im Folgenden nicht darum, eine systematische Darstellung alternativer Methoden zur Prozessbeschreibung und -erfassung zu geben. Ziel ist, pragmatisch einige wenige Werkzeuge aufzuführen, deren Einsatz sich nach eigener Erfahrung bewährt hat.

Die hier beschriebenen Werkzeuge können durch Software-Werkzeuge zur Prozessoptimierung ergänzt werden. Diese können Datenbank-gestützt z. B. Zeiten, Kosten oder andere Ressourcen analysieren und sind dann mehr als reine Zeichenprogramme. Typischer Vertreter ist der ARIS-Toolset[6]. Auf diese Werkzeuge werden wir im Folgenden nicht eingehen.

Die aufgeführten Methoden weisen einen unterschiedlichen Bearbeitungsaufwand auf, haben jedoch auch unterschiedliche Aussagekraft zu folgenden Working-Capital-relevanten Fragestellungen:

- Anzahl/Funktionen der eingeschalteten Bearbeitungsstufen (z. B.: wie viele Mitarbeiter und Abteilungen sind vom Auftragseingang bis zur Erstellung der Auftragsbestätigung tätig?)
- Zeitbedarf/Zeitabläufe für Durchlaufzeiten (z. B. bei der Auftragsbearbeitung)
- Übersicht der Liege-, Warte-, Bearbeitungszeiten (z. B. bei Informations- und Materialabläufen)
- Abläufe mit und ohne Wertschöpfung für den Kunden (z. B. welche internen Materialtransporte verbrauchen Werte, liefern jedoch keine Kunden-relevante Wertschöpfung?)
- typische Störungs- und Fehlerschwerpunkte nach Art und Häufigkeit (z. B. bei Informations- und Materialabläufen)
- eingesetzte Ressourcen (z. B. nach der 6-M-Methode, vgl. Kapitel 4.6.6)

Wesentlich bei der Erfassung der Prozesse ist, dass man nicht von einem Idealablauf ausgeht, wie er etwa in einem Organisationshandbuch festgeschrieben ist, sondern die tatsächlichen oder möglichen Prozessschritte, aber auch Mängel und Engpässe

6 Scheer/Jost, 2002

möglichst objektiv und zeitnah erfasst. Und nun zu den Methoden, die unterschiedlich bei der Beschreibung von Informations-, Materialfluss- und Cash-Prozessen Verwendung finden:

Wertkette

Diese Prozessablaufdarstellung, wie sie insbesondere bei der Gestaltung von Geschäftsmodellen verwendet wird, ist in Abbildung 38 dargestellt. Sie basiert in der ursprünglichen Form auf den Ausführungen von Porter, der alle Tätigkeiten eines Unternehmens in einer Wertkette (auch: „Wertschöpfungskette") darstellt. Entlang dieser Wertkette sind alle Aktivitäten aufgeführt, durch die ein Produkt entworfen, hergestellt, vertrieben, ausgeliefert und unterstützt wird. Die Darstellung zeigt Zusammenhänge insbesondere aus der strategischen Vogelperspektive.

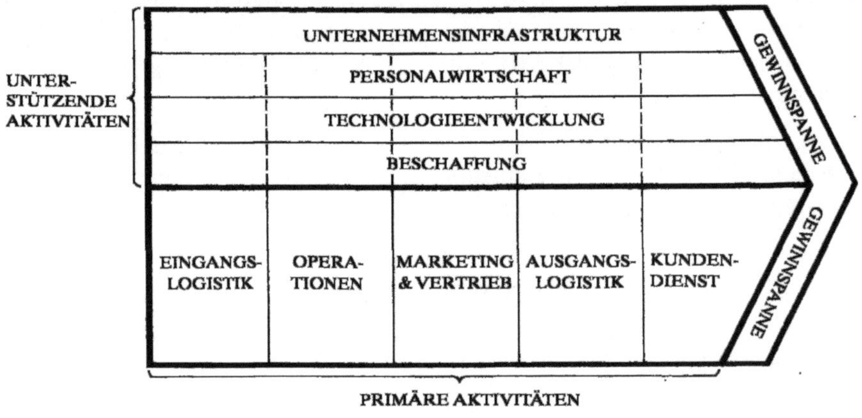

Quelle: Porter, Michael E.: Wettbewerbsvorteile, Frankfurt am Main, New York 1986
Abbildung 38: *Modell einer Wertkette*

Funktionsmatrix

Als Übersicht der Prozesse und der Regelung der Aufgabenverteilung für diese Prozesse in einer Organisationseinheit bietet sich die Funktionsmatrix (auch: Funktionendiagramm) an.

Abbildung 39 zeigt den Ausschnitt eines Erhebungsformulars zur Funktionsmatrix, eingesetzt bei einem Maschinenbau-Unternehmen. Aufgabe war es, für das Unternehmen durch Interviews die tatsächliche Aufgabenverteilung und -wahrnehmung aus der Sicht der wesentlichen Stelleninhaber zu erfassen.

Durch die Eintragung von Kürzeln in die einzelnen Felder kann spezifiziert werden, wo Stellen bei den einzelnen Aufgaben welche Kompetenzen haben, speziell bei:

- Planung (P)
- Entscheidung (E)
- Durchführung (D)
- Kontrolle (K)
- Mitwirkung (M)
- Beratung (B)
- sonstigen Tätigkeiten (S)

Die Vorteile der Funktionsmatrix sind:

- Pro Zeile wird dargestellt, welche Stellen bei welcher Aufgabe mitwirken (Aspekt der Prozessorganisation).
- Pro Spalte wird dargestellt, welche Aufgaben auf welche Stelle entfallen (Aspekt der Stellenbeschreibung).
- Ungereimtheiten der Aufgabenverteilung werden im Gesamtbild schnell ersichtlich (z. B.: Alle entscheiden, keiner führt durch).
- Bei Änderungen der Aufgabeninhalte oder Aufgabenverteilung ist das Instrument sehr übersichtlich (z. B.: Änderung von händischer Bearbeitung auf Rechnerbearbeitung).
- Das Instrument ist zweckmäßig beim Einsatz der Analyse von Ist-Situationen des Prozessablaufs wie auch bei der Gestaltung von Soll-Konzepten.

Die Funktionsmatrix liefert eine Aussage über die Logik des Zusammenspiels der Stelleninhaber im Prozessablauf. Aussagen über die Chronologie des Prozessablaufs werden nicht getroffen.

Aufgaben \ Aufgabenträger								
Vertrieb	Auftragsbeschaffung/Akquisition							
	Technische Angebotsbearbeitung							
	Vorkalkulation							
	Angebotspreisfestlegung							
	Verfolgung des Angebots							
	Führen der Verkaufsverhandlungen							
	Entscheiden über Auftragsannahme							
	Auftragsabwicklung							
	Rechnungslegung							
Produktgestaltung	Projektierung, Entwicklung, Konstruktion							
	Erprobung neuer Produkte							
	Weiterentwicklung vorhandener Produkte							
	Zeichnungsverwaltung, Vervielfältigung							
Auftragsplanung und -überwachung	Produktplanung und Wertanalyse							
	Arbeitsablaufplanung							
	Kapazitätsermittlung und -ausgleich							
	Fertigungssteuerung							
	Montagesteuerung							
Materialwirtschaft	Materialbedarfsermittlung/Zukaufteile							
	Eigen- und Fremdfertigung							
	Materialbestandsführung für Zukaufsteile							
	Materialdisposition							
	Einkauf							
	Lagerhaltung und -verwaltung							
Fertigung/ Montage	Werkstattfertigung							
	Werkstattmontage							
Qualitätswesen	Wareneingangskontrolle							
	Endkontrolle							
Finanz- und Rechnungswesen	Finanzwirtschaft							
	Steuerwesen							
	Versicherungen							
	Finanzbuchhaltung							
	BAB erstellen							
	Auftragsnachkalkulation							
	Führen der Preisliste							
Personalwesen	Personalplanung							
	Personalwerbung							
	Personalbereitstellung							
	Personalumsetzung							
	Personalaustritt							
	Lohn- und Gehaltsabrechnung							

Legende: P = Planung D = Durchführung M = Mitwirkung
E = Entscheidung K = Kontrolle B = Beratung S = Sonstige

Quelle: Klepzig, Heinz-Jürgen; Meissner, Dirk: Erfolgsfaktor Personalmanagement, München 1991

Abbildung 39: *Funktionsmatrix (Beispiel)*

Organisationsnetzanalyse

Ein Beispiel dieser Methode wurde bereits in Abbildung 22 vorgestellt. Es wird verdeutlicht, welche Stellen bei einem Prozess in welcher Reihenfolge eingebunden sind. Die Zeitdauer pro Prozessschritt kann ergänzend angegeben werden.

Prozessablaufdiagramm

Das Prozessablaufdiagramm (Abbildung 40) stellt eine besonders detaillierte und aussagefähige Variante der Prozessbeschreibung dar.

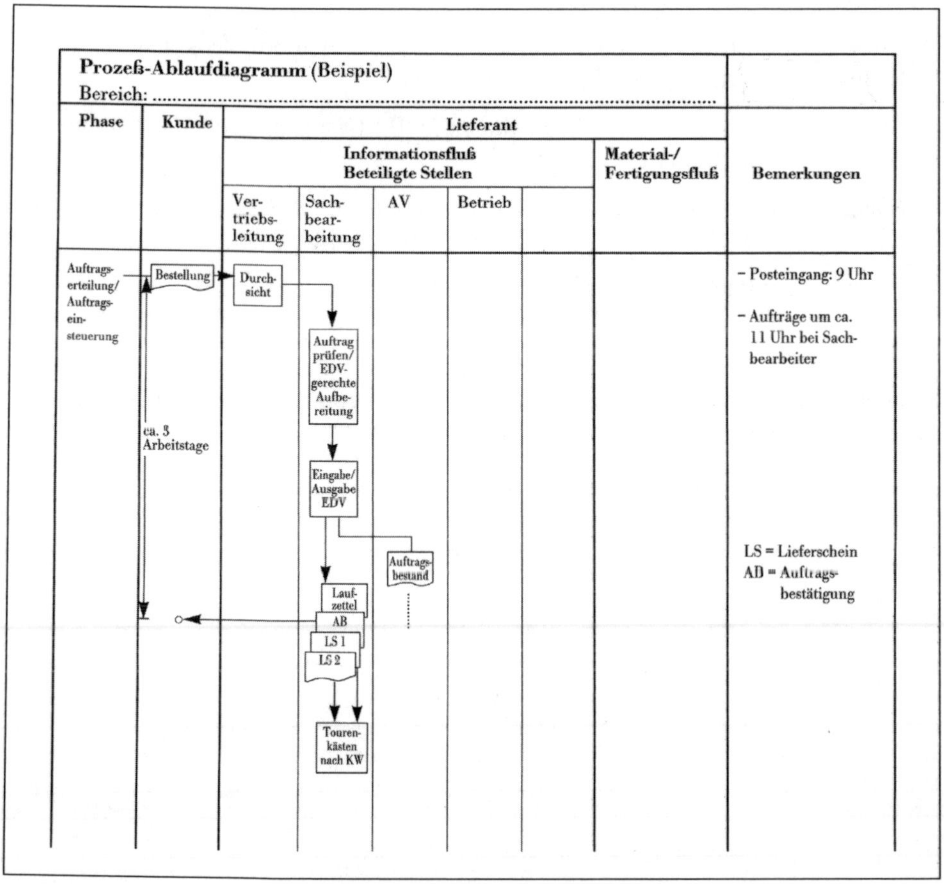

Quelle: Klepzig, Heinz-Jürgen; Meissner, Dirk: Mit dem Kunden zum Erfolg, München 1992

Abbildung 40: *Prozessablaufdiagramm (Beispiel)*

Das Diagramm ist so aufgebaut, dass der zeitliche Ablauf der Aktivitäten untereinander dargestellt wird. Die Aufgabenverteilung auf verschiedene Stellen wird nebeneinander in Spalten dargestellt. Mit der Erfassung der Abläufe erhält man eine Landkarte, in der man Prozessprobleme lokalisieren kann. Nebeneinander lässt sich auch das Zusammenspiel verschiedener Prozesse darstellen. Dies gilt z. B. für den Materialfluss und den Informationsfluss oder auch für die Interaktion des Kunden-Nutzungsprozesses mit dem Leistungserstellungsprozess des Lieferanten.

Im Einzelnen können in diesem Diagramm festgehalten werden:

- Phasen, die jeder Kunde durchläuft (z. B.: Erster Kundenkontakt, Anfragen)
- Laufzeiten (z. B.: Antwortzeiten)
- Kundenerwartungen in den einzelnen Phasen/bei den Kundenkontakten (z. B.: Kostenlose Zusendung von Informationsmaterial)
- Kundenkontaktpersonen im Unternehmen (z. B.: Ist ausreichende Fachkompetenz beim Gesprächspartner gegeben?)
- Mängel oder mögliche Mängel in Kundenkontakten (z. B.: Bisherige Reklamationsschwerpunkte)
- Prozesse unternehmensintern sowie unternehmensextern (z. B.: Informations-, Material-, Waren- und Geldflüsse sowie die Kunden- und Lieferantenkontakte im Zeitablauf)

Bei der Darstellung der Abläufe hat sich der Einsatz von Symbolen zu Charakterisierung der Aktivitäten bewährt, wie sie als Basisrepertoire in Abbildung 41 aufgeführt sind.

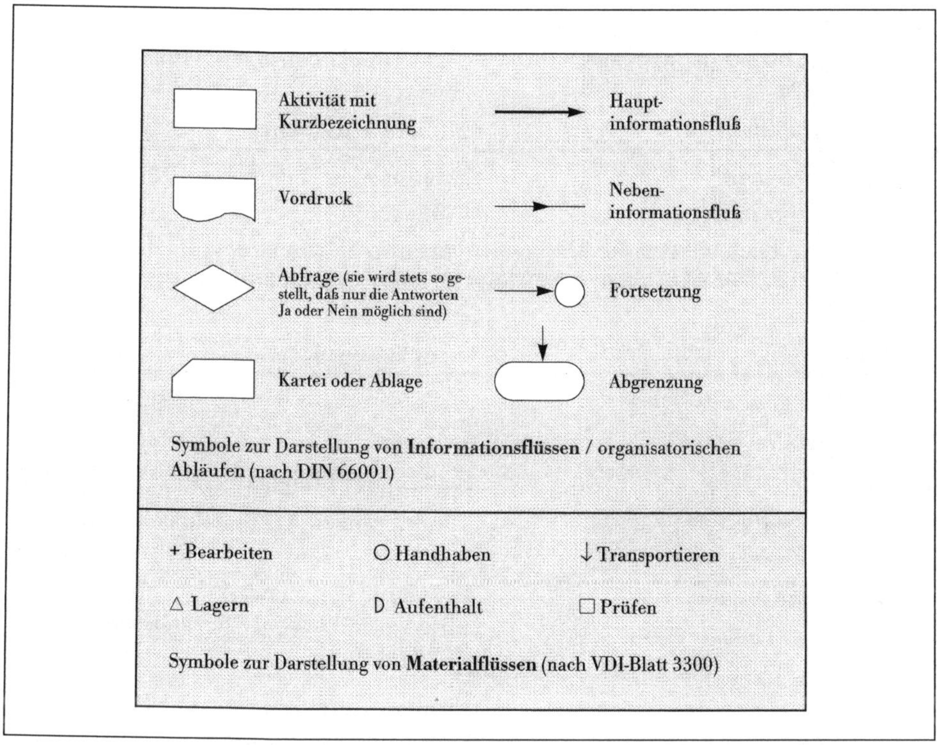

Quelle: Klepzig, Heinz-Jürgen; Meissner, Dirk: Mit dem Kunden zum Erfolg, München 1992

Abbildung 41: *Symbole zur Darstellung von Informations- und Materialflüssen*

Prozessstrukturübersicht

Für eine sehr detaillierte Betrachtung der Prozesse erweist es sich in der Praxis als zweckmäßig, die einzelnen Prozesse oder Tätigkeiten entlang der Prozesskette mit ihrem Mengengerüsten und weiteren Charakteristika im Rahmen einer Prozessstrukturübersicht zu beschreiben.

Die Tätigkeiten werden in folgenden Schritten beschrieben:

1. Für jeden Mitarbeiter wird erfasst, welche Tätigkeitselemente und Zeiten er für die einzelnen Schritte der betrachteten Prozesskette einbringt.
2. Pro Tätigkeitselement wird aus der Tätigkeitsstruktur aller Mitarbeiter nachfolgend ermittelt, welche Zeiten sie kumuliert einbringen.
3. Es wird überprüft, ob die Aufwand-Nutzen-Relation pro Prozessschritt verbessert werden kann.

Im Detail wird in der Vertikalen eine Aufgabenübersicht erstellt und es werden hierarchisch gegliedert die relevanten Prozesse und Tätigkeiten erfasst (Prinzipskizze in Abbildung 42):

Aufgabenübersicht	**Prozesse/Tätigkeiten**
„Was wird gemacht"?	Kernprozesse, Teilprozesse, Tätigkeiten im Detail

In der Horizontalen werden die Merkmale und Ausprägungen zur Aufgabenübersicht dargestellt. Jeder Prozess oder jede Tätigkeit wird nach folgenden Charakteristika hinterfragt:

Merkmale	**Ausprägungen**
„Wie wird es gemacht"?	
■ In welchen Varianten?	Varianten
■ Wann?	Auslösendes Ereignis
■ Wer ist Ausführender, Kunde, Lieferant?	Prozessbesitzer, Ausführender, Kunde, Lieferant
■ Was will der Kunde?	Was würde den Kunden zufriedenstellen/begeistern/überraschen?
■ Wo?	Ort
■ Womit?	Systeme, Formulare, sonstige Hilfsmittel
■ Wie lange?	Durchlaufzeiten, Bearbeitungszeiten,
■ Wie häufig?	Mengen, Doppelarbeiten
■ Welche Kosten entstehen?	Kosten
■ In welcher Qualität?	Qualitäten
■ Welche Qualifikation ist erforderlich?	Fach-/Methoden-/Sozial-Kompetenz

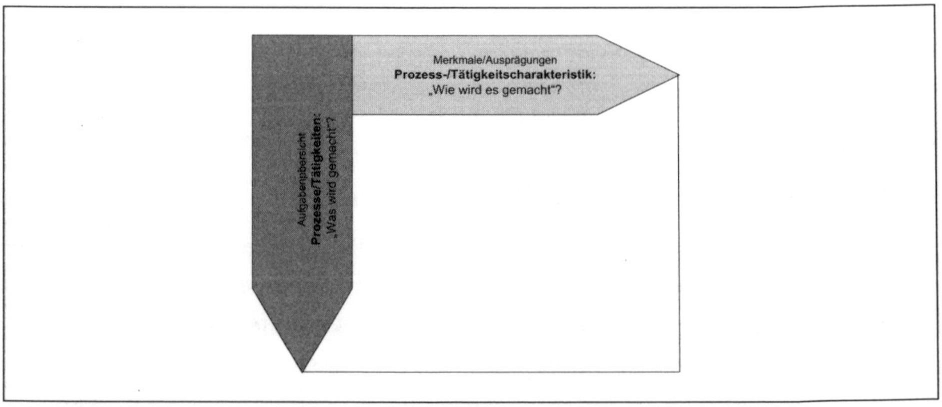

Abbildung 42: *Prozessstrukturübersicht (Prinzipskizze)*

Auf der Grundlage der Prozessstrukturübersicht lassen sich insbesondere die folgenden Fragen beantworten:

1. Senkrecht/Entlang der Folge der Prozess- oder Tätigkeitsschritte

- Wo liegen Tätigkeitsschwerpunkte vor?
- Welche Tätigkeiten haben besonders starken Einfluss auf die Durchlaufzeit?
- Welche Tätigkeiten sollten rationalisiert werden?
- Welche Schritte lassen sich kombinieren?
- Wo gibt es unnötige Informationsschleifen?

2. Waagerecht/Pro Tätigkeitsschritt

- Wo/Wie häufig wird ein vorhandenes Hilfsmittel tatsächlich eingesetzt?
- Welche Tätigkeiten weisen direkten Kundenkontakt auf?
- Welche Kostentreiber liegen pro Tätigkeitsschritt vor?
- Welche Mitarbeiterqualifikation ist vorhanden/erforderlich?
- Welche Verbesserungsvorschläge liegen bereits vor?

Layoutgerechter Materialflussplan

In das Betriebslayout werden bei dieser Methode ähnlich dem ursprünglich in der Wärmelehre verwendeten Sankey-Diagramm (siehe auch Abbildung 52) die wesentlichen Materialströme maßstabsgerecht eingezeichnet (Abbildung 43). Die Flussbreite ist ein Maß für die bewegten Volumina oder Gewichte pro Zeiteinheit (z. B. pro Monat). Die Darstellung zeigt insbesondere:

- Transportweglänge
- Transportmengen
- Transportwege
- Transportengpässe
- Hin- und Hertransporte der Teile, also keinen stetig fortschreitenden Materialfluss
- Schleifen im Materialfluss.

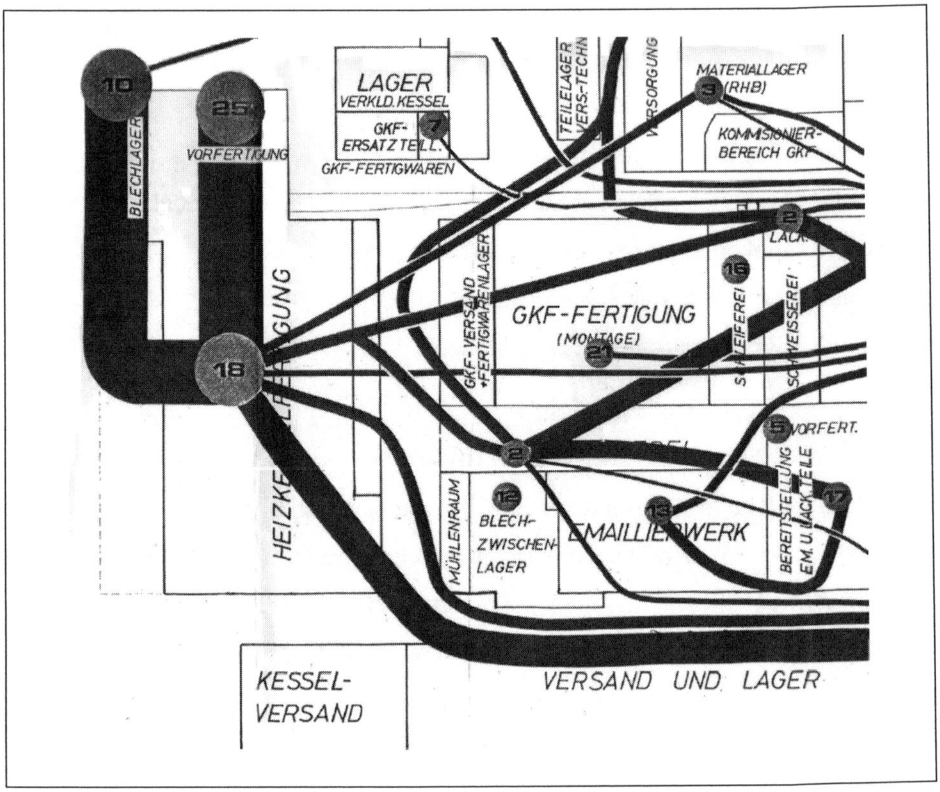

Abbildung 43: *Layoutgerechter Materialflussplan (Fallbeispiel/Ausschnitt)*

Als Variante dieser Methode können im Diagramm Angaben über Prozessbesitzer, ihre Verantwortungsbereiche und die Art ihrer Aufgabenwahrnehmung festgehalten werden. Konkret lassen sich beispielsweise die Verantwortungsbereiche entsprechend den Kostenstellengrenzen in das Layout einzeichnen. Das Fallbeispiel in Kapitel 6.2 zeigt ein entsprechendes Einsatzbeispiel. Häufiges Ergebnis in der Praxis ist, dass sich weiße Flecken auf der Layout-Landkarte ergeben. Dies bedeutet, dass sich im entdeckten Bereich niemand prozessverantwortlich fühlt.

Wertstromanalyse

Das Zusammenspiel zwischen Material-/Fertigungsfluss und Informationsfluss lässt sich ebenfalls sehr anschaulich mit der Wertstromanalyse visualisieren, die zu einer Landkarte der Liefer- und Leistungsbeziehungen führt. Die Landkarte kann ergänzt werden durch Aussagen zur Kapitalbindung oder zum Cash-Fluss. Abbildungen 44 und 45 zeigen die Darstellung eines Ist- und eines Soll-Konzeptes.

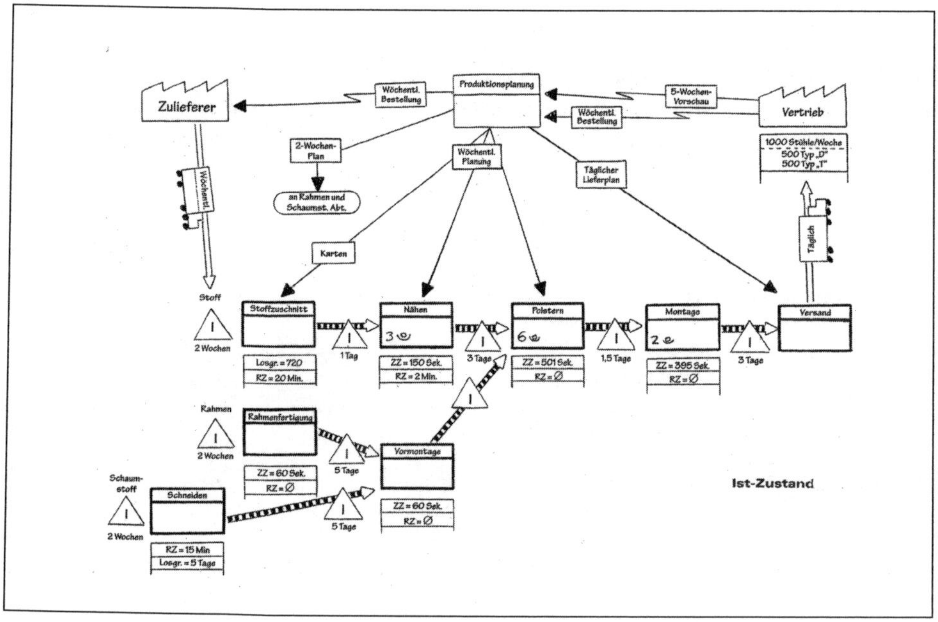

Quelle: Rother, Mike; Shook, John: Sehen Lernen, Stuttgart 2000
Abbildung 44: *Wertstromanalyse (Beispiel Ist-Zustand)*

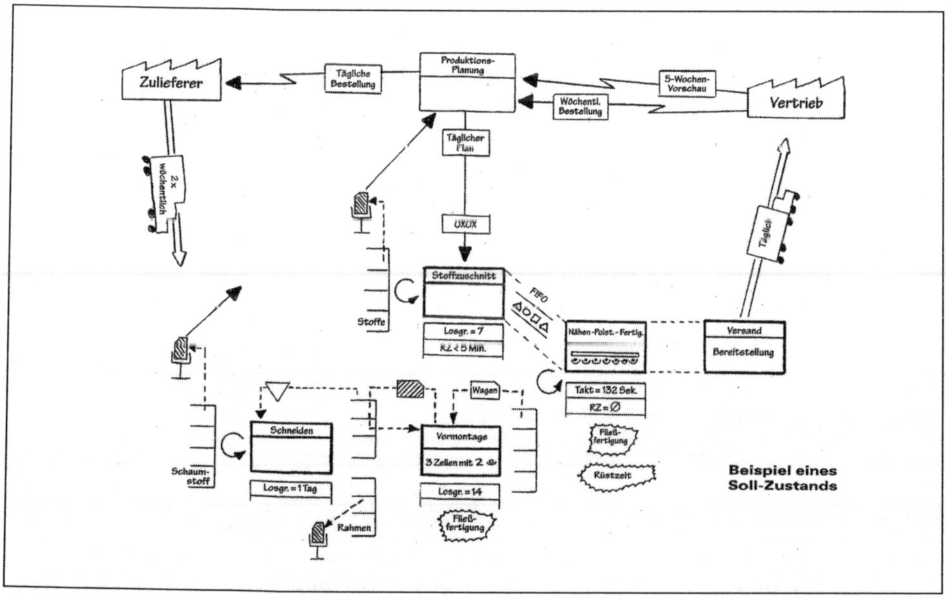

Quelle: Rother, Mike; Shook, John: Sehen Lernen, Stuttgart 2000
Abbildung 45: *Wertstromanalyse (Beispiel Soll-Zustand)*

Die Bedeutung der verwendeten Symbole wird aus Abbildung 46 ersichtlich.

Bei den aufgeführten Methoden wird die Vorliebe des Autors für Visualisierungen deutlich: In der Teamarbeit von Prozessuntersuchungen hat sich Visualisierung immer als übersichtlicher und damit leichter erfassbar gezeigt als tabellarische oder gar rein-verbale Darstellungen.

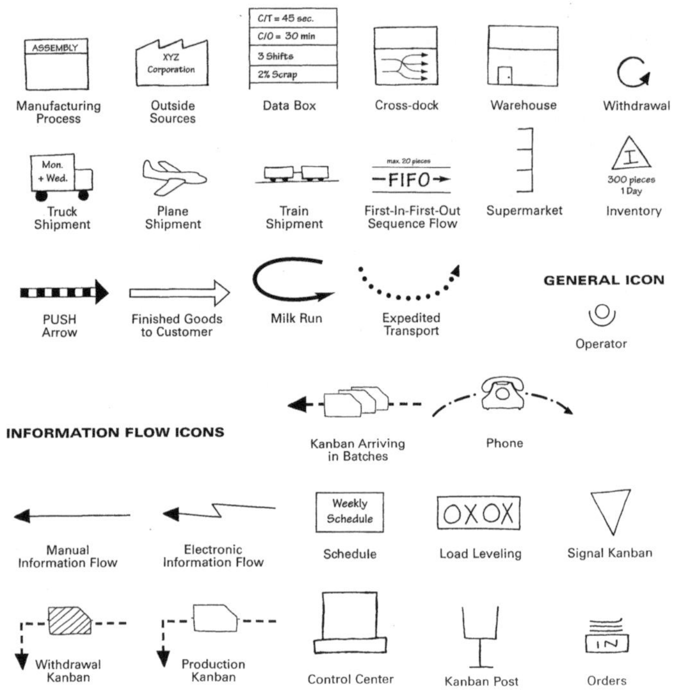

Quelle: Jones, Dan; Womack, Jim: Seeing the Whole, Brookline MA, 2003
Abbildung 46: *Symbole der Wertstromanalyse*

4.6.4 Prozessdiagnose

Eine Diagnose findet generell dadurch statt, dass vorgefundene Werte mit Standards, also mit vorgegebenen oder erwarteten Werten, verglichen werden. Anschließend werden die Ursachen der Abweichung erarbeitet.

Als Kernfragen zur Prozessdiagnose ergeben sich:

- Gibt es einen Standard?
- Ist der Standard aktuell?
- Kennen die Mitarbeiter den Standard?
- Wird nach dem Standard gearbeitet?
- Wo weicht man von dem Standard ab?
- Warum?

Muda

Die Erfassung von Muda ist eine spezifisch japanische Art der Prozessdiagnose auf der Basis eines speziellen Standards.

Muda ist das japanische Wort für Verschwendung. Muda liegt vor, wenn Ressourcen verbraucht werden und kein entsprechender Wert geschaffen wird. Ursachen für Muda und damit Ansätze zur Reduzierung von Muda liegen vor bei:

- Produkten/Leistungen, die dem Kundenwunsch nicht entsprechen
- Maschinen und Anlagen, die unzureichend genutzt werden
- Leistungserstellungsprozessen mit
  - Überproduktion
  - Wartezeiten
  - unnötigen Transporten
  - unnötiger Bearbeitung
  - unnötigen Beständen
  - unwirtschaftlichen Abläufen
  - fehlerhaften Produkten/Leistungen

Zur Veranschaulichung sind in Abbildung 47 für Leistungserstellungsprozesse, die Muda aufweisen, Beispiele von Gegenmaßnahmen aufgeführt.

Das Verfolgen von Verschwendung ist prinzipiell nichts besonders Neues für westliche Unternehmen. Schon immer haben Controller auf eine Erhöhung von Produktivität, auf die Verringerung von Ausschuss, auf die Steigerungen von Effizienz erfolgreich hingearbeitet. Häufig hört man auch heute noch den Controller-Grundsatz: 10 Prozent besser geht immer! Ausgangspunkt ist dabei meist der momentane Ist-Wert.

Ursachen	Gegenmaßnahmen
1. Überproduktion	■ Rüstzeiten reduzieren ■ Prozesse abstimmen/synchronisieren ■ Kompaktes Layout einführen ■ Visualisierung einführen
2. Wartezeiten	■ Prozesse synchronisieren ■ Flexible Mitarbeiter und Maschinen einführen
3. Transporte	■ Transportnotwendigkeiten durch Layoutgestaltung reduzieren ■ Notwendige Transporte weitmöglichst rationalisieren
4. Bearbeitung	■ Klären, ob Teil überhaupt notwendig ist sowie ob jeder Bearbeitungsprozess notwendig ist
5. Bestände	■ Reduzieren durch kürzere Rüstzeiten und kürzere Durchlaufzeiten ■ Materialfluss synchronisieren ■ Personal qualifizieren ■ Bedarfsschwankungen reduzieren ■ Alle anderen Verschwendungsarten reduzieren
6. Abläufe	■ Abläufe auf Wirtschaftlichkeit und Konstanz untersuchen ■ Abläufe verbessern, dann mechanisieren oder automatisieren (keine Verschwendung automatisieren!)
7. Fehlerhafte Produkte herstellen	■ Den Produktionsprozess fehlersicher auslegen ■ In jedem Teilprozess keine Fehler akzeptieren und keine Fehler machen

Quelle: In Anlehnung an Shingo, Shigeo: Study of Toyota Production System, Tokyo 1981

Abbildung 47: *Verschwendungsarten und Gegenmaßnahmen*

Die Ansätze zur Effizienzverbesserung einerseits und zur Muda-Verringerung andererseits wollen das Gleiche und zeigen doch wesentliche Unterschiede: Die Reduzierung von Verschwendung nach dem Muda-Ansatz ist nur dann sinnvoll, wenn man den Umfang der Verschwendung und damit das momentane Optimum kennt. Und hier liegt eine wesentliche Zusatzinformation des Muda-Ansatzes: Es wird zunächst einmal deutlich gemacht, wie groß die Diskrepanz zum Optimum und damit das gesamte Verbesserungspotenzial ist (Abbildung 48). Das Optimum wird als Standard definiert.

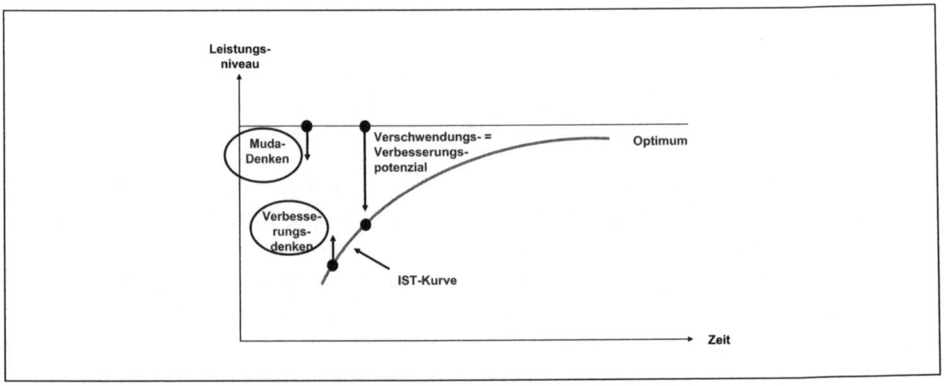

Abbildung 48: *Verbesserungs- und Muda-Denken*

„10 Prozent besser geht immer“, kann strapaziöse Überforderung sein, wenn man in der Nähe des Optimums liegt; es kann gemütliche Unterforderung sein, wenn bis zum Optimum viel Spielraum vorliegt.

Verlustmatrix

Zur systematischen detaillierten Erfassung von Verschwendung und deren Ursachen im Prozess bietet sich eine insbesondere in japanischen Betrieben praktizierte Methode an. Wesentliche Verlustkategorien und zugehörige Kosten bei der Leistungserstellung werden mit einer Verlustmatrix ermittelt.

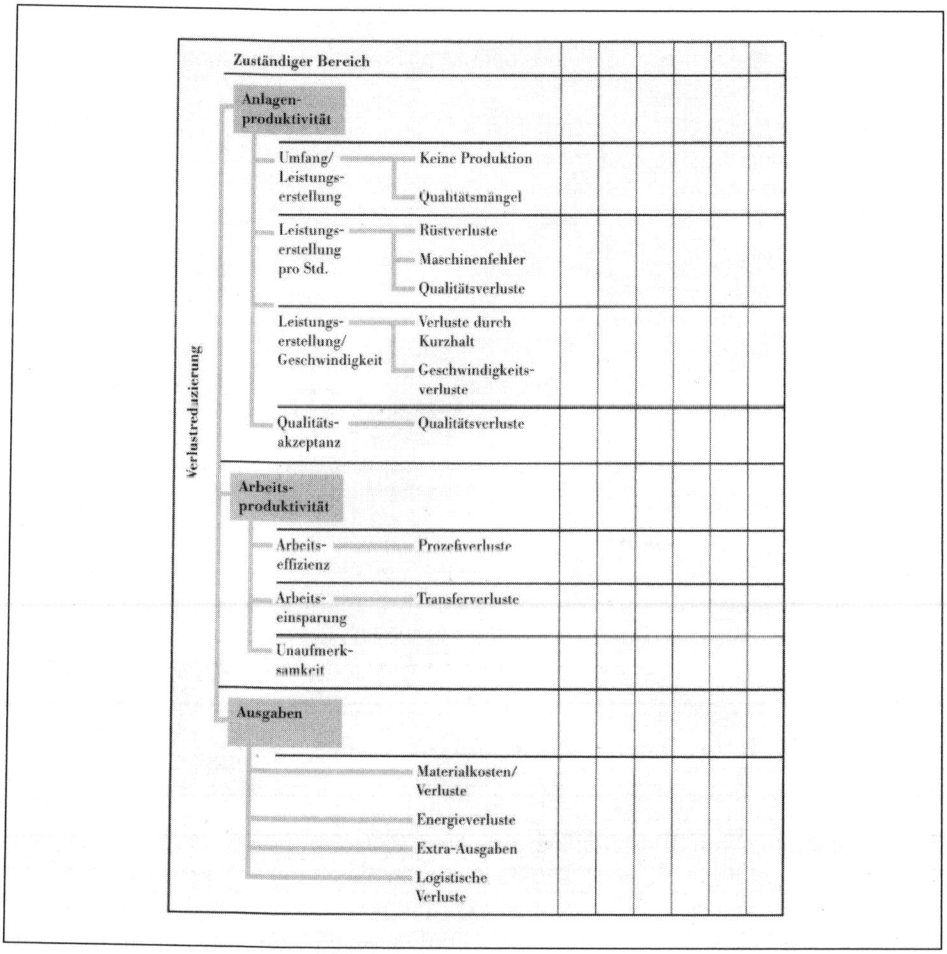

Abbildung 49: *Verlustmatrix*

Fallbeispiel Wertschöpfung

Ein Fallbeispiel zeigt die Größenordnung der Verschwendung in der Praxis:

Bei einem deutschen Pkw-Hersteller wurde die Leistungserstellung der Werker nach dem Muda-Gedanken untersucht. Unterschieden wurde nach:

- wertschöpfenden Tätigkeiten, also Einsatzzeiten von Mitarbeitern, Maschinen und Einrichtungen für die Erstellung fehlerfreier Teile
- nicht wertschöpfenden Tätigkeiten, also im derzeitigen Arbeitsablauf noch notwendigen Tätigkeiten wie Rüsten, Transportieren, Warten, die demnächst abgeschafft werden sollen (versteckte Verschwendung)
- Verschwendung, also nicht wertschöpfende Tätigkeiten, die in absehbarer Zeit nicht abgestellt werden können (offensichtliche Verschwendung)

Die Zusammenfassung der Ergebnisse ist in Abbildung 50 bezogen auf die Ressource „Arbeitsstunden" dargestellt.

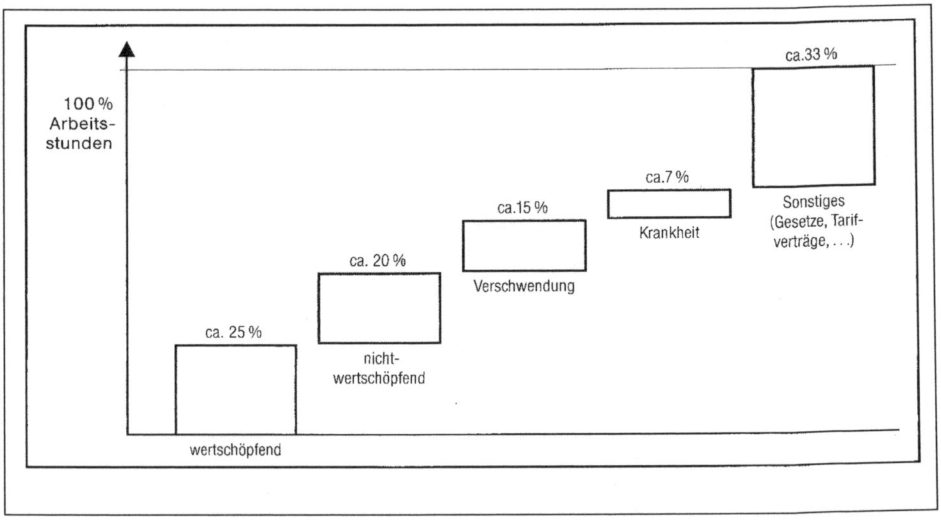

Abbildung 50: *Wertschöpfung bei einem Pkw-Hersteller*

Die erstaunliche Aussage ist: Im Rahmen der beeinflussbaren Tätigkeiten (ohne Berücksichtigung von Einschränkungen durch Gesetze, Tarifverträge, Krankheit) liegt bei den wertschöpfenden Tätigkeiten vom derzeitigen Wert ausgehend ein grundsätzliches Verbesserungspotenzial von absehbar erreichbaren 85 Prozent und insgesamt stattlichen 150 Prozent vor! Allerdings bekommt man dieses Potenzial nicht geschenkt, sondern muss Ressourcen (z. B. für Einrichtungen, Programmierung) einbringen. Es stellen sich also auch bei der Potenzialausschöpfung Fragen der Wirtschaftlichkeit.

Leistungsarten

Bei der Betrachtung der gesamten Leistung eines Unternehmens ergeben sich ähnliche Werte der Wertschöpfung wie im eben genannten Fallbeispiel. In Abbildung 51 sind neben den Nutzleistungen die nicht wertschöpfenden Leistungen in drei Kategorien unterteilt:

- Nutzleistungen: Diese Tätigkeiten sind geplant und erbringen aus Kundensicht eine Wertsteigerung. Beispiele sind:
  - Konstruktion/Design
  - Bearbeitung
  - Erbringen von Dienstleistungen

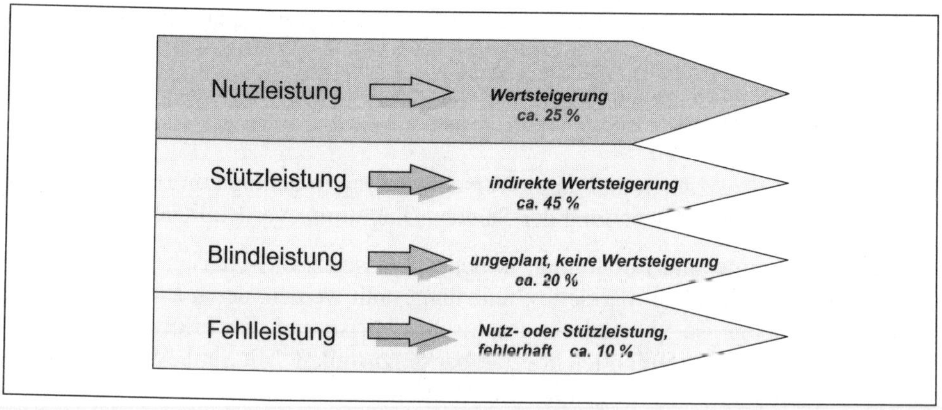

Quelle: Werte in Anlehnung an Tomys, A.-K.: Kostenorientiertes Qualitätsmanagement, München 1995
Abbildung 51: *Leistungsarten*

- Stützleistungen: Diese Tätigkeiten sind ebenfalls geplant, da sie die Nutzleistungen unterstützen. Sie verursachen Kosten, werden vom Kunden jedoch nicht wahrgenommen. Ziel ist, sie weitgehend zu reduzieren. Beispiele sind:
  - das Rüsten von Bearbeitungsmaschinen
  - der innerbetriebliche Materialtransport

- die Arbeitsvorbereitung
- das Erstellen von Auswertungen und Berichten

- Blindleistungen: Diese Tätigkeiten treten ungeplant auf und führen zu keiner Wertsteigerung der Leistung. Sie verursachen Kosten, werden vom Kunden jedoch nicht wahrgenommen. Ziel ist, sie komplett abzubauen. Beispiele sind:
  - unnötiger Transport
  - unnötige Zwischenlagerung
  - Doppelarbeit aufgrund fehlender Informationen

- Fehlleistungen: Diese Tätigkeiten waren ursprünglich als Nutz- oder Stützleistung geplant. Aufgrund von Fehlern konnten sie jedoch nicht verwertet werden. Beispiele sind:
  - fehlerhafte Produkte
  - fehlerhafte Informationen

Mit dieser Einteilung der Tätigkeiten kann für einen Prozess im Detail analysiert werden, in welchem Umfang einzelne Tätigkeiten Nutz-, Stütz-, Blind- oder Fehlleistungen darstellen und wo sich Prioritäten für Verbesserungsmaßnahmen ergeben.

Sankey-Diagramm

Nicht genutzte Kapazitäten und damit Verschwendung in der Nutzung von Hardware lassen sich durch die Verwendung des Sankey-Diagramms verdeutlichen.

Sankey-Diagramme sind Fließbilder, in denen Flüsse (z. B. Material, Energie, Kosten) durch unterschiedlich-markierte Pfeile dargestellt werden, deren Breite proportional zur Flussmenge ist. Sie sind ein graphisches Hilfsmittel, um Informationen über Mengen in Prozess-Systemen leicht erfassbar darzustellen. Mit Sankey-Diagrammen lassen sich beispielsweise Engpässe und Muda identifizieren. Sie ermöglichen auch die Darstellung komplexer Netzwerke sowie von Rückkopplungen innerhalb des Systems.

Abbildung 52 zeigt ein Beispiel für ein Sankey-Diagramm: Bei einschichtigem Betrieb ist eine Kapazitätsnutzung der eingesetzten Anlagen und Maschinen von maximal nur rund 20 Prozent möglich.

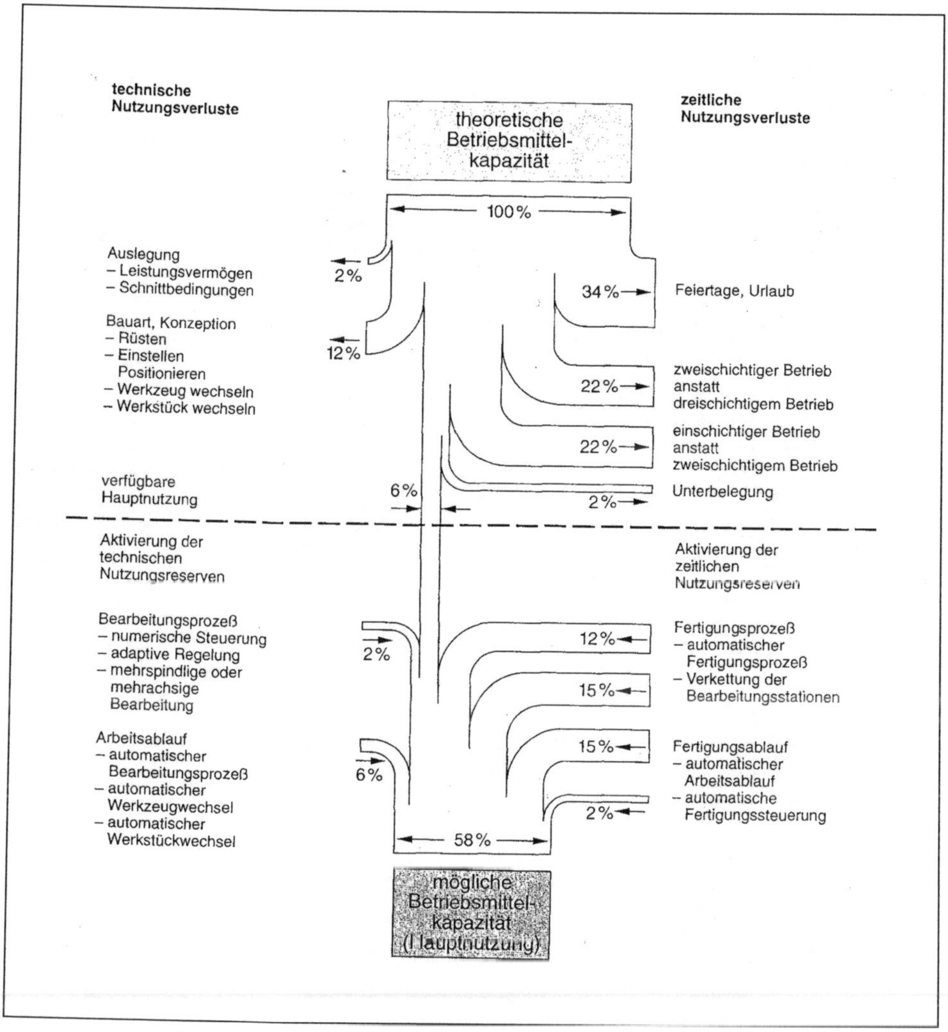

Quelle: Opitz, Herwart: Moderne Produktionstechnik, Essen 1971
Abbildung 52: *Betriebsmittelnutzung: Verluste und Reserven*

Ein recht einfaches und doch aussagefähiges Vorgehen ist der Einsatz der Wertschöpfungsanalyse entlang der Aktivitätenkette, wie es in Abbildung 53 für die Furnierfertigung bei einem Büromöbelhersteller dargestellt ist.

Es wird unmittelbar deutlich, dass ein sehr hoher Handlings- und Sortieraufwand vorliegt. Der Anteil nicht-wertschöpfender Tätigkeiten liegt bei ca. 95 Prozent der Gesamtdurchlaufzeit.

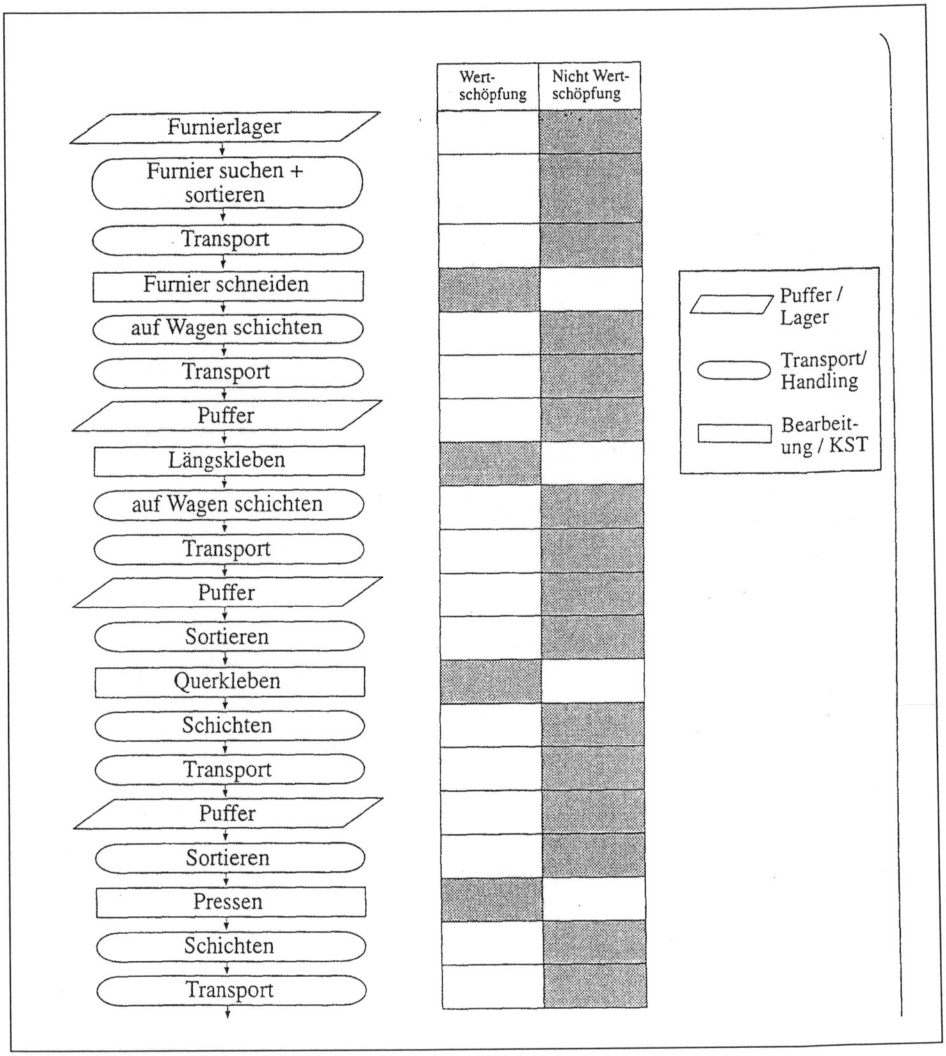

Quelle: Vokuss Büromöbelfabrik, Firmenbroschüre, o. J.
Abbildung 53: *Wertschöpfung in der logistischen Kette*

Schnittstellenmanagement

Schnittstellen zwischen Abteilungen oder Unternehmen sind besonders kritische Punkte für das Entstehen von Störungen und damit für Muda. Durch Schnittstellenvereinbarungen können Missverständnisse vermieden und der Prozessfluss erleichtert werden.

Lieferanten- und abnehmerseitig sind Schnittstellen abzustimmen hinsichtlich:

- Rechtlicher Fragen
  Hier geht es z. B. um die Klärung von Ort und Zeitpunkt des Eigentums- oder Risiko-Übergangs sowie die Fixierung der zahlungsauslösenden Vorgänge.
- Organisation/Information
  Als generelle Tendenz für Organisation/Information zeigt es sich, dass bei einer Verringerung der Fertigungstiefe der Abnehmer eine intensive Kommunikation mit dem Lieferanten aufbauen muss. Hilfreich ist, wenn Vereinbarungen für die Kommunikationsschnittstellen getroffen werden. Infrage kommen z. B. Abstimmungen über:

  - das eingesetzte Computer-System
  - Dispositions-/Abrufprozeduren
  - den Datenträgereinsatz zur Teilekennzeichnung (z. B. Bar-Code)
  - die Abrechnung im Rechner-Verbund

  Bei vielen Unternehmen wurde durch Einführung von JiT-Konzepten eine Verringerung der Schnittstellenanzahl zwischen Lieferant und Abnehmer erreicht.
- Materialfluss
  Hier geht es darum, insbesondere Schnittstellenvereinbarungen zu den wesentlichen Bestimmungsgrößen eines rationellen Materialflusses zu erzielen:

  - Transportmedium
  - Transportbehälter
  - Anlieferort
  - Anlieferzeit

Es ergibt sich als Fazit:

> Die Reduzierung der Verschwendung bedeutet: kostengünstiger und schneller werden!

Damit werden erhebliche Potenziale zur Verringerung des Working-Capitals erschlossen. Abbildung 54 zeigt anhand eines Beispiels aus der Kfz-Industrie auf, dass insbesondere durch die Beeinflussung der nicht-wertschöpfenden Tätigkeiten die Durchlaufzeit auf ein Drittel reduziert werden konnte, was sich in einer Reduzierung des Working-Capitals niederschlägt.

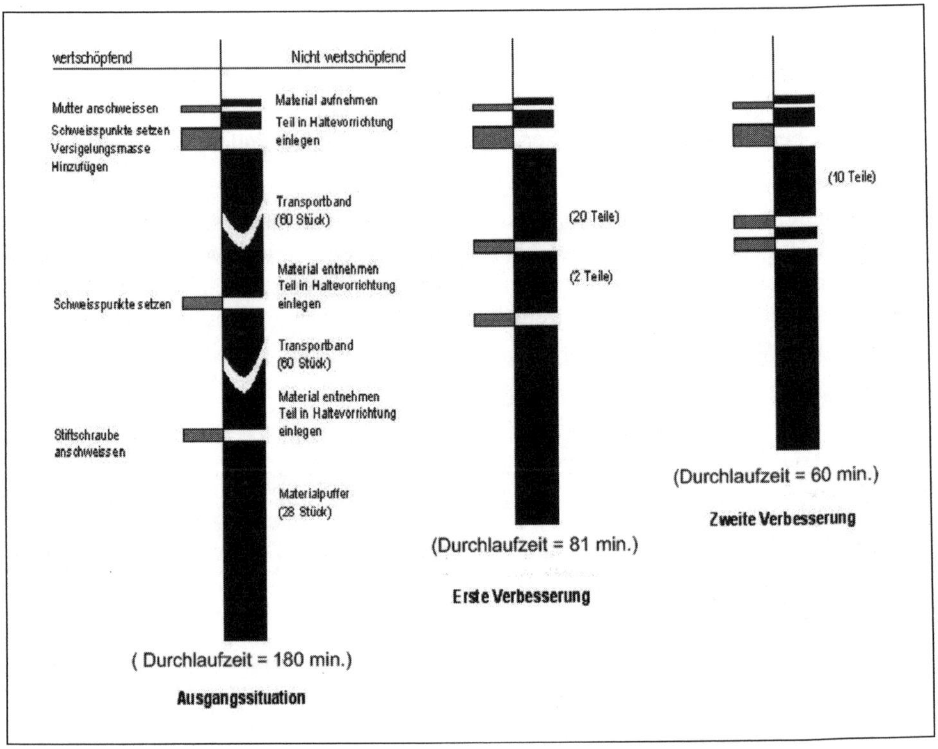

Quelle: General Motors Europe, Diskussionspapier, o. J.
***Abbildung 54:** Durchlaufzeitverkürzung (Fallbeispiel)*

4.6.5 Prozessmodellierung

Nach der Prozessdiagnose jetzt zur Therapie: Wie sollte ein neu gestalteter Prozess aussehen, der zu einer Reduzierung des Working-Capitals beiträgt? Wann kann denn ein Prozess demnach als verbessert gelten?

Wir haben eingangs zur Veranschaulichung Parallelen dargestellt zwischen der Therapie des Arztes und der Verbesserung von Prozessen. Wir wollen diese Analogien fortführen.

Beim Arzt gibt es grundsätzlich ganz unterschiedliche Therapiemöglichkeiten, je nachdem,

- ob der Therapieerfolg kurzfristig oder längerfristig erreicht werden soll,
- ob der Erfolg in einer Spezialdisziplin oder ganzheitlich erreicht werden soll,
- ob es um punktuelle Heilung oder Lebensqualität geht.

Auch bei einer Prozessverbesserung gibt es ganz unterschiedliche Verbesserungstherapien, die abhängig von der vorliegenden Zielsetzung sind:

- Geht es um die Verbesserung eines Prozesses, einer Kette von Prozessen oder eines Prozessnetzes?
- Geht es um die Behebung von Störungen oder um gesamthafte Verbesserungen?
- Geht es um kurzfristig oder längerfristig wirksame Verbesserungen?
- Aus wessen Sicht sollen Verbesserungen erbracht werden?
  Bei dieser Betrachtung hilft uns die Stakeholder-Orientierung gemäß ISO 9000 weiter: Demgemäß sind als Stakeholder Kunden, Mitarbeiter, Gesellschafter und Umwelt zu unterscheiden, die jeweils durchaus unterschiedliche Interessen haben können. Während ein Mitarbeiter etwa einen Teilprozess optimieren möchte, kann es aus Sicht eines Gesellschafters durchaus zweckmäßig sein, einzelne Teilprozesse suboptimal auszugestalten, um ein Gesamtoptimum zu erreichen.

Die aufgeführten Fragen sind im Projektschritt 1 „Ziele definieren" des Sechs-Schritte-Fahrplans zum Working-Capital-Management zu beantworten (Kapitel 4.1). Die Performance des neumodellierten Prozesses ist an diesen Zielvorgaben zu messen.

Wie ausgeführt, reicht in aller Regel die Bewertung in den Dimensionen Zeit, Qualität, Kosten und Flexibilität. Dies gilt für die Beurteilung von Teilprozessen wie auch von umfassenden Geschäftsprozessen.

Wie lässt sich ein Idealprozess charakterisieren, auf den wir uns mit einzelnen Verbesserungsschritten hinbewegen?

Der Idealprozess ist wertschöpfend:

- alle notwendigen Informationen sind vorhanden
- keine Prozessschleifen
- keine Liegezeiten
- keine Prüf- und Kontrolltätigkeiten
- keine Fehler
- nur wertschöpfungserhöhende Tätigkeiten
- Parallelarbeit soweit möglich
- kapitalbindungsgünstiger Kostenverlauf

Aber: Der Idealprozess wird vielleicht nie erreicht!

Auf dem Weg zum Idealprozess kommen vorzugsweise die in Kapitel 4.5 besprochenen Verbesserungshebel zum Einsatz:

- Eliminieren
- Standardisieren

- Differenzieren
- Integrieren
- Stabilisieren
- Qualifizieren

Aus Erfahrungswissen abgeleitet ergeben sich verschiedene weitere Gestaltungsempfehlungen, die nachfolgend für die Bewertungsdimensionen Qualität, Zeit, Kosten und Flexibilität dargestellt werden.

Qualität

Die in Abbildung 55 dargestellte Bildergeschichte ist zunächst eine Übertreibung. Viele Praktiker entdecken jedoch in der Geschichte Bezüge zu eigenen ähnlichen Erlebnissen. Etwas pointiert wird verdeutlicht:

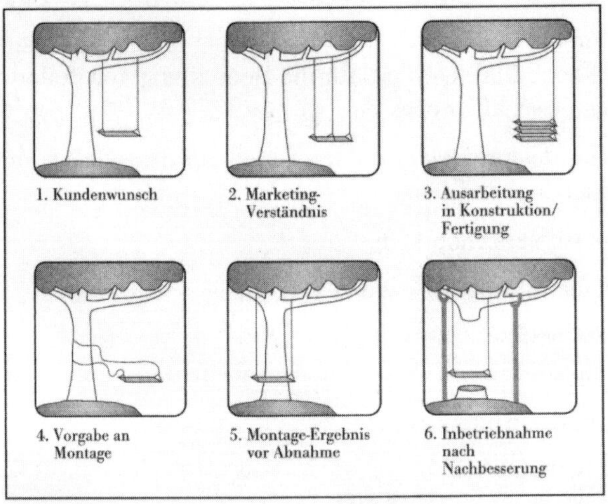

***Abbildung 55:** Qualität und Kommunikationshürden*

Im Kern geht es bei Qualitätsfragen entlang der Prozesskette „nur" darum, dass sich an den Schnittstellen die Prozessbeteiligen richtig austauschen. Hier können sich allerdings selbst bei schriftlich festgehaltenen Anforderungen Schwierigkeiten und nach der Tat Interpretations-Streitigkeiten ergeben, erst recht aber bei nur mündlichen Vereinbarungen. Dies muss wahrhaftig nicht am bösen Willen der Beteiligten liegen. Ursache ist in vielen Fällen, dass die Beteiligten durch unterschiedliche Nationalität, Sprachkenntnisse, Berufsausbildung unterschiedlich „ticken", sie von unterschiedlichen Bewertungen und Prioritäten ausgehen und diese dem Gegenüber ebenfalls zusprechen.

Abbildung 56 erläutert die Vielzahl von Schnittstellen, vom ersten Kundenkontakt ausgehend bis zur Produkt-/Leistungsübergabe. Ausgehend von den Kundenerwartungen und der Qualitätswahrnehmung des Kunden werden mögliche Qualitätsdefizite an den einzelnen Schnittstellen der Kommunikationskette einerseits zwischen Kunden und Anbieter und andererseits auch beim Anbieter aufgezeigt. Bei der Kommunikation der Qualität ist ergänzend zu beachten, dass zum Beispiel die im Rahmen einer Auftragsbestätigung spezifizierten Qualitätsanforderungen in aller Regel nicht alle Kundenerwartungen beschreiben. Ein Fallbeispiel möge dies veranschaulichen, auch wenn es nur sehr weitläufig mit Working-Capital-Management in Verbindung gebracht werden kann: Der beim Anmieten eines Pkw geschlossene Vertrag enthält in aller Regel keine Vertragselemente über die Sauberkeit des Fahrzeuges. Dies wird jedoch vom Mieter erwartet, der dann auch sauer reagiert und den Wechsel zu einem anderen Vermieter gelobt, wenn er beim Verstellen des Sitzes plötzlich die klebrig-schwarze Uralt-Bananenschale des Vorgängers in der Hand hält.

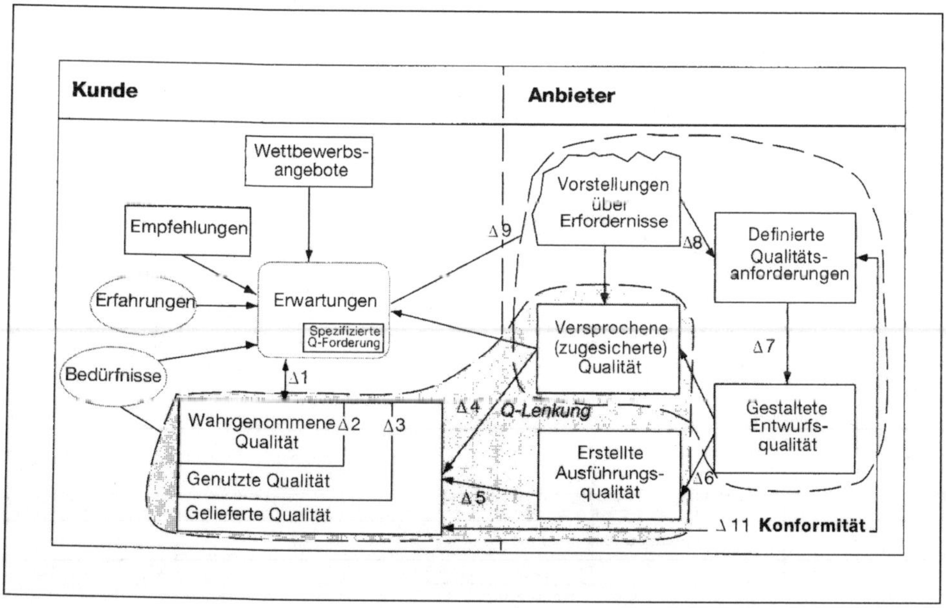

Quelle: Seghezzi, H. D.: Integriertes Qualitätsmanagement, München, Wien 1996
Abbildung 56: *Qualitätsbeurteilung, Differenzen und Defizite*

Als Hauptansatzpunkt zur Prozessverbesserung ergibt sich an den Schnittstellen generell: Kommunikation und nochmals Kommunikation zwischen den Beteiligten, um die Prioritäten der Kundenerwartung zu erkennen oder zu erfühlen und um Störungen gegenzusteuern.

Qualitäts-Check-up **Produkt/Leistung**		
Qualitäts-kriterien	**Einzelkriterien/ Ausprägungen**	**Beschreibung des Qualitätsziels/ der Maßeinheit**
materielle Qualitätskriterien		
• **Leistungsfähigkeit** • **Ausstattung** • **Normgerechtheit** • **Gebrauchs-/Bedienungsfreundlichkeit** • **Einsatzverfügbarkeit** - **Zuverlässigkeit** - **Wartbarkeit** - **Ersatzteilverfügbarkeit** - **Kundendienst** • **Umweltfreundlichkeit**		
immaterielle Kriterien		
• **Image** • **Design** • **Herkunft** • **Kommunikation**		

Quelle: Klepzig, Heinz-Jürgen; Meissner, Dirk: Mit dem Kunden zum Erfolg, München 1992

Abbildung 57: *Qualitäts-Check-up*

Abbildung 57 zeigt ein Muster für ein Qualitäts-Check-up zum „Pulsfühlen“, das neben materiellen auch immaterielle Qualitätskriterien aufführt. In der praktischen Anwendung ist es von großer Bedeutung, die im konkreten Fall wesentlichen Einzelkriterien und ihre Ausprägungen festzulegen als auch durch Beschreibung der Qualitätsziele und Angabe der Maßeinheit messbar zu machen.

Für das Kriterium Leistungsfähigkeit können beispielsweise bei einem Pkw ganz unterschiedliche Einzelkriterien und Maßeinheiten von Interesse sein wie

- Leistung (kw)
- Höchstgeschwindigkeit (km/h)
- Beschleunigung von 0 auf 100 km/h oder von 80 auf 120 km/h (sec)
- maximal zulässige Zuladung (kg)

Zeit

Es gibt drei wesentliche Prinzipien, wie man schneller und zeitoffensiver werden kann:

1. Die richtigen Dinge tun!
   Fokusieren. Prioritäten setzen. Nicht alles selbst machen.
   Outsourcing. Spezialisten sind schneller. Also hat man sich auf seine eigenen Spezialitäten zu konzentrieren und den Rest auf externe Spezialisten zu verlagern.

   Einfache Konzepte!
   Komplizierte Konzeptionen in der Planungsphase sind in den nachfolgenden Phasen nur noch mit großem Zeitaufwand wenn überhaupt zu korrigieren.
2. Engpässe beseitigen!
   Einzelschritte beschleunigen. Nach dem Geleitzug-Prinzip beschränkt das langsamste Element das gesamte System. Notwendig ist, die jeweiligen Engpässe auszuräumen, wo sich die Tätigkeiten stauen.
3. Die Kette beschleunigen!
   Es gilt, das Zusammenspiel der Tätigkeiten zu dirigieren.
   Insbesondere sollten Tätigkeiten so weit wie möglich zeitlich parallel (simultan) und nicht nacheinander (sequenziell) abgearbeitet werden.

In Abbildung 58 werden die drei Prinzipien des Zeitwettbewerbs anhand von Beispielen veranschaulicht.

Quelle: Klepzig; Heinz-Jürgen; Meissner, Dirk: Mit dem Kunden zum Erfolg, München 1992
Abbildung 58: *Prinzipien des Zeitwettbewerbs*

Abbildung 59 enthält ein Formular für ein Check-up zur Zeitkomprimierung für den Kernablauf der Auftragsabwicklung. Erfasst werden zunächst die einzelnen durchschnittlichen Ist-Zeitspannen für die wesentlichen Ablaufstufen. Für jede Ablaufstufe wird dann z. B. durch Schätzung oder Stichproben ermittelt, welcher Zeitanteil pro Stufe auf eigentliche wertschöpfende Tätigkeiten entfällt.

Check-up: Zeitkomprimierung

Schritte	Kundenanfrage	Problemlösung	Leistungserstellung	Lieferung/ Installation	Kundennachfrage nach After-Sales-Leistungen
Zeitdauer (z. B. Tage)					
Zeitanteil mit eigentlicher Wertschöpfung (z. B. Tage)					
Zeitverlust-Schwerpunkte					

Quelle: Klepzig, Heinz-Jürgen; Meissner, Dirk: Mit dem Kunden zum Erfolg, München 1992

Abbildung 59: *Check-up: Zeitkomprimierung*

Ergänzend kann es hilfreich sein, aus der Vor- oder Nachkalkulation über den Ansatz von Verrechnungsstundensätzen zu ermitteln, in welcher Zeit verrechenbare und nicht verrechenbare Wertschöpfung für den Kunden entlang des Prozessablaufs erbracht wird. Die Gegenüberstellung der beiden Zahlen zeigt Verbesserungspotenziale auf.

Um eine Größenvorstellung zu geben: In „gewachsenen“ Industriebetrieben zeigen Untersuchungen der Durchlaufzeiten, dass sowohl im Materialfluss wie im Informationsfluss der Anteil der eigentlichen Bearbeitungszeiten an den Durchlaufzeiten nur etwa 10 bis 25 Prozent beträgt.

Kosten

Bei der Erörterung des Working-Capital-Zyklus wurde dargestellt, dass Working-Capital insbesondere auch die Lagerbestände (incl. WIP) umfasst, die sich im Zusammenspiel mit dem Leistungserstellungsprozess ergeben (Kapitel 3.1). Der Wert dieser Bestände nimmt entlang der Prozesskette entsprechend den anfallenden Aktivitäten zu. Die Kapitalbindung entspricht dem entlang der Prozesskette geblockten Wert.

Die Wertzuwachsanalyse veranschaulicht diese Aussagen und zeigt Möglichkeiten der Beeinflussung auf.

Wertzuwachsanalyse

Die Wertzuwachsanalyse analysiert die Kapitalbindung im Unternehmen: Für jeden wesentlichen Schritt im Leistungserstellungsprozess eines Produktes oder einer Dienstleistung werden die zugehörigen Kosten und der Zeitbedarf festgehalten und in einem Zeit-Kosten-Diagramm eingetragen (Abbildung 60).

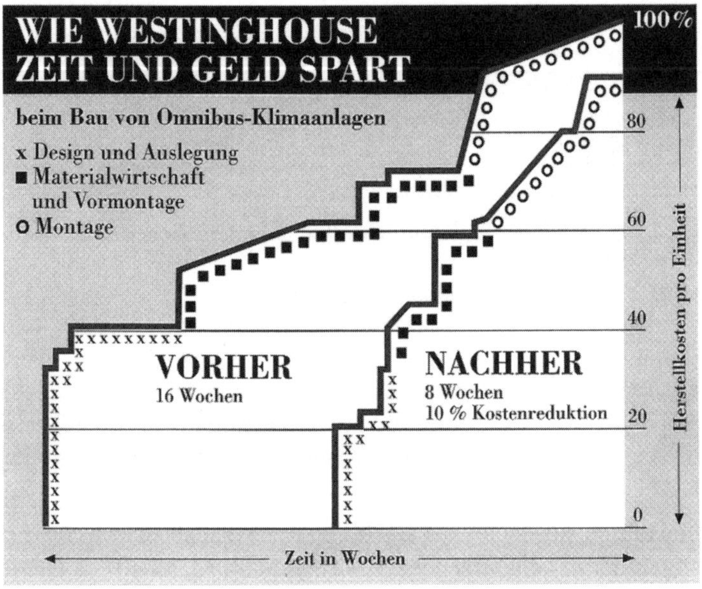

Quelle: Fortune July 3, 1989 (Übersetzung des Verfassers)
Abbildung 60: *Wertzuwachsanalyse (Beispiel)*

Die Fläche unter der Kurve ist ein Maß für die im Unternehmen gebundenen Bestände. Sie lassen sich verringern insbesondere durch:

- kürzere Auftragsdurchlaufzeiten
- absolut niedrigen Kostenanfall
- Umverteilung der Arbeitsfolge derart, dass im Leistungserstellungsprozess anfangs niedrige und erst später höhere Kosten anfallen.

Bei der Überprüfung der Kostensenkungsmöglichkeiten sollten folgende Kostenhebel untersucht werden:

1. Kostenhebel: Größenvorteile (Economies of Scale)
   Beispiel: Sind Größenvorteile durch Spezialisierung möglich?

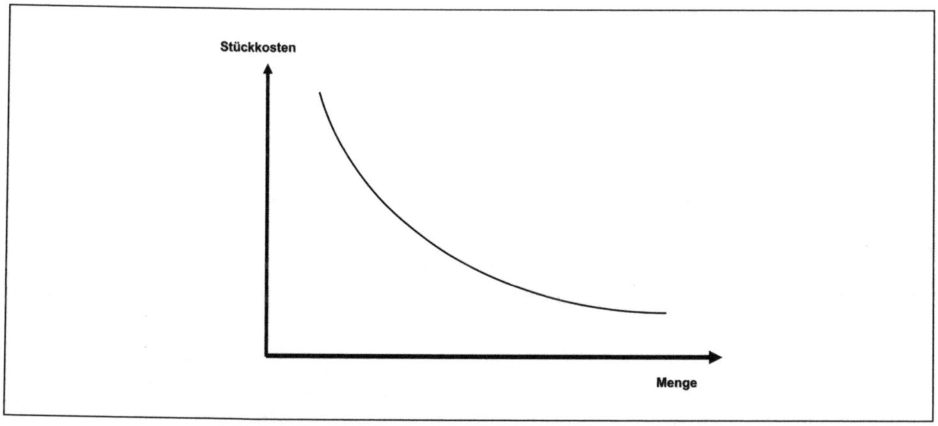

Abbildung 61: *Größenvorteile*

2. Kostenhebel: Erfahrungskurve/Lerneffekte
   Beispiel: Lassen sich Kostensenkungspotenziale mit steigender kumulierter Produktions- und Absatzmenge nutzen?

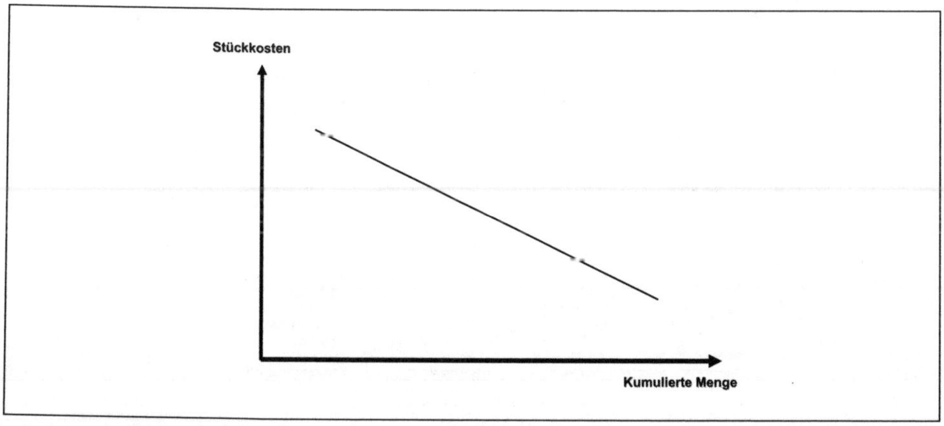

Abbildung 62: *Erfahrungskurve*

3. Kostenhebel: Komplexität verringern
   Beispiel: Lässt sich die Variantenvielfalt und der daraus resultierende Organisations- und Koordinationsaufwand verringern?

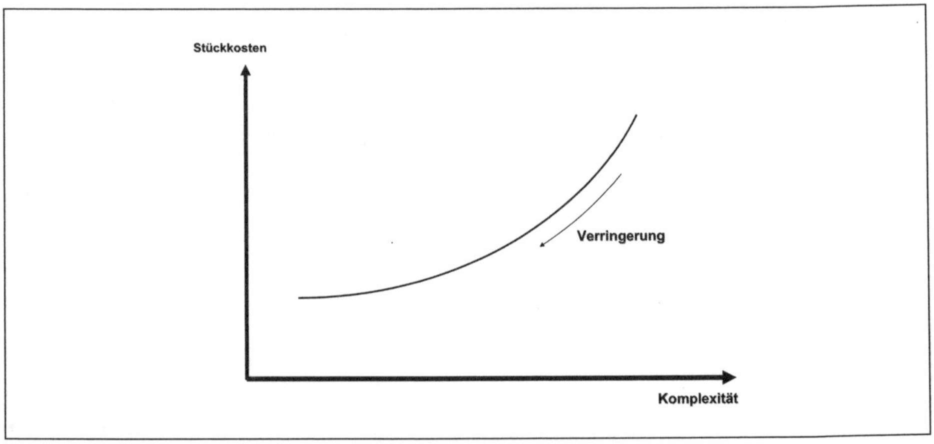

Abbildung 63: *Komplexitätsreduzierung*

4. Kostenhebel: Optimieren der Wertschöpfungstiefe (In-/Outsourcing)
   Welche Kostensenkungspotenziale ergeben sich beim Verkürzen (Outsourcing) oder Verlängern (Insourcing) der eigenen Wertschöpfungskette?

Vorfeld-marketing	Entwicklung und Konstruktion	Beschaffung	Produktion	Distribution	Vermarktung
z.B. Programm /Produkt-vielfalt Variantenvielfalt Kundenvielfalt Zu hohe Beratungs-tiefe Ungezielte Kundenan-sprache Schlechtes Schnitt-stellenmanagement zu • Entwicklung/Konstruktion • Produktion	z.B. Programm-/Produkt-vielfalt Keine variantenorien-tierte Produktge-staltung Zu lange Entwick-lungszeiten Zu hohe Entwick-lungstiefe Mangelnde Einbin-dung der Top-Liefe-ranten in Neuentwick-lungen Hohe Anzahl an Pro-duktänderungen Mangelnde Technolo-gieabklärung/-strategie Schlechtes Schnitt-stellenmanagement zum/zu • Vorfeldmarketing • Produktion	z.B. Anzahl der Beschaffungsvor-gänge Anzahl der außer-/innerbetrieblichen Transporte Lieferantenanzahl Liefertreue Lieferflexibilität Anzahl der Lager-stufen und -vor-gänge Anzahl der Versand-positionen Anzahl der Nach-lieferungen Programmstabilität	z.B. Hohe Fertigungs-tiefe Auftragsvielfalt Verfahrensvielfalt Ungünstige Los-größen Keine Fertigungs-segmentierung Unüberschaubare Fertigungsbereiche Zu viele Fertigungs-stufen Schlechtes Schnitt-stellenmanagement zu • Lieferanten • Entwicklung/ Konstruktion • Logistik	z.B. Anzahl der Distri-butionsvorgänge Kundenanzahl Anzahl der Auslie-ferungen Liefertreue Lieferflexibilität Anzahl der Lager-stufen und -vor-gänge Anzahl der Versand-positionen Anzahl der Nach-lieferungen Programmstabilität	z.B. Produkt-/Sortiments-vielfalt Kundenvielfalt Ungünstige Auftrags-struktur Zu viele Vertriebskanäle Teure mehrstufige Vertriebskanäle Komplexe und heterogene Kundenberatungsaufgaben Komplexer Kundendienst

Quelle: Klepzig, Heinz-Jürgen; Meissner, Dirk: Mit dem Kunden zum Erfolg, München 1992

Abbildung 64: *Kostentreiber entlang der Wertschöpfungskette (Beispiele)*

Insbesondere sollten die Kostentreiber auf die genannten Kostenhebel hin untersucht werden. Kostentreiber sind die Haupteinflussgrößen bei der Kostenentstehung und Kostenentwicklung. In Abbildung 64 sind Beispiele für Kostentreiber entlang der Wertschöpfungskette für ein Produktionsunternehmen zusammengestellt.

Flexibilität

Mit Flexibilität wird die Fähigkeit bezeichnet, sich auf geänderte Anforderungen und Gegebenheiten einer Umwelt einstellen zu können. Die Veröffentlichung „The Machine that changed the World" macht seit 1990 einer breiten Leserschaft sehr praxisnah deutlich, dass Flexibilität als wichtiger Wettbewerbsfaktor bedeutet, in kurzer Zeit einzelne Strategien und Aktionen umzusetzen und durchzuführen. Abbildung 65 zeigt Auszüge der Veröffentlichung zum vergleichenden Benchmarking beim Produktanlauf, das die damaligen Wettbewerbsvorteile der japanischen Automobilindustrie aufzeigte und ihre Wettbewerber unter gehörigen Zugzwang brachte.

	Japanese Producers	American Producers	European Volume Producers
Time from Production Start to First Sale (months)	1	4	2
Return to Normal Productivity After New Model (months)	4	5	2
Return to Normal Quality After New Model (months)	1.4	11	12

Quelle: Womack, James P.; Jones, Daniel T.; Roos, Daniel: The Machine that Changed the World, New York 1990
***Abbildung 65:** Produktanlauf/Benchmarking*

Relevante Bewertungskriterien für den Anlaufprozess sind, wie in Abbildung 66 aufgeführt, insbesondere:

- Rückkehr zu Normalproduktivität nach Neumodell-Start
- Rückkehr zu Normalqualität nach Neumodell-Start

Mittlerweile sind die Anlaufprozesse der Wettbewerber erheblich verbessert worden. Allerdings sind die japanischen Pkw-Hersteller auch nicht stehen geblieben.

Beherrschte schnelle Flexibilität ermöglicht (Abbildung 66):

- kurze Hochlaufzeiten auf Normalproduktivität und -qualität
- planvoll gesteuerten kurzen Auslauf ohne Restbestände und damit neben weiteren Vorteilen durch Muda-Vermeidung

- niedrige Bestände und somit eine Reduzierung des Working-Capitals

Es ergibt sich zusammenfassend als Fazit:

> Gutes Anlauf- und Änderungsmanagement haben unmittelbare Auswirkungen auf das Working-Capital.

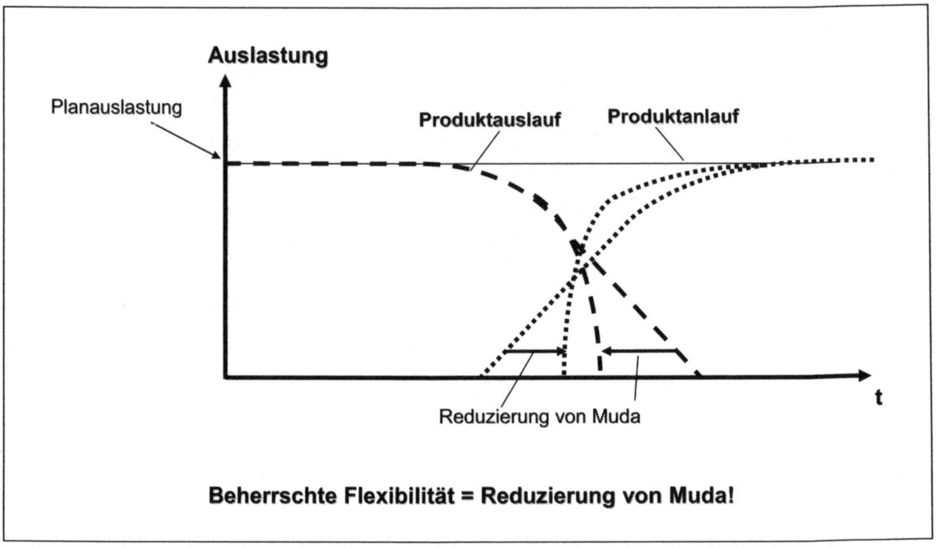

Abbildung 66: *Flexibilität und Muda*

4.6.6 Basiswerkzeuge des Prozessmanagements

Einige Werkzeuge des Prozessmanagements wurden in unseren bisherigen Darstellungen bereits zur Erläuterung unserer Ausführungen verwendet. Wir wollen nachfolgend mit der Vorstellung weiterer einfacher Instrumente die Toolbox zur Prozessuntersuchung ergänzen.

Die 7-Q

Die 7-Q sind sieben elementare Qualitätswerkzeuge, die generell für Problemlösungen, speziell zur Untersuchung von Prozessen, herangezogen werden können (Abbildung 67).

Die 7-Q umfassen Instrumente, die sinnvoll einzeln oder aber im Gesamtbündel eingesetzt werden können. Sie sind leicht zu visualisieren und bieten sich insbesondere auch für die Gruppenarbeit an. Ihr Einsatzbereich ist insbesondere die Fehlererfassung und die Fehleranalyse.

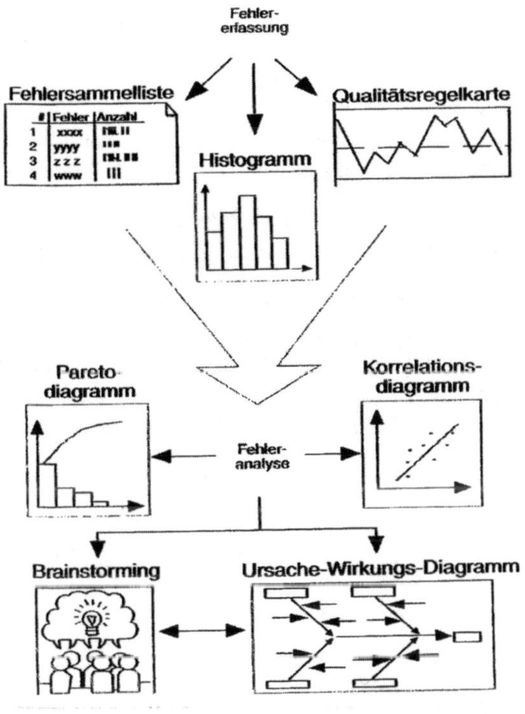

Quelle: Theden, Philip; Colsman, Hubertus: Qualitätstechniken: Werkzeuge zur Problemlösung und ständigen Verbesserung. 2. Aufl. München, Wien 1997
Abbildung 67: *Die 7-Q*

In der *Fehlersammelliste* werden beobachtete Fehler nach unterschiedlichen Fehlerarten erfasst.

Im *Histogramm* werden Daten aus der Fehlersammelliste nach Klassen zusammengefasst und in Form von Säulendiagrammen dargestellt. Die Größe einer Säule entspricht der Anzahl der Datennennungen pro Klasse. Es werden also Häufigkeitsverteilungen grafisch dargestellt.

Mit der *Qualitätsregelkarte* lassen sich Ausprägungen eines Prozesses entlang der Zeitachse verfolgen. Durch Vorgabe von Sollwert sowie oberer und unterer Toleranzgrenze lässt sich erkennen, ob die Prozessausprägungen innerhalb der Toleranzen liegen.

Das *Pareto-Diagramm* baut auf dem Pareto-Prinzip auf (vgl. auch Kapitel 4.6.1). Dieses besagt, dass nur wenige Ursachen ein Problem maßgeblich beeinflussen. Mit dem Pareto-Diagramm werden diese wichtigsten Ursachen erkannt.

Beim *Korrelationsdiagramm* werden Beziehungen zwischen zwei Merkmalen paarweise dargestellt. Es lässt sich ableiten, ob statistisch zwischen den Merkmalen Ursache-Wirkungs-beziehungen bestehen. Über einen tatsächlichen kausalen Ursache-Wirkungs-Zusammenhang kann keine Aussage gemacht werden.

Beim *Brainstorming* werden zu einem beliebigen Thema möglichst viele Ideen gesammelt, die erst nach der Sammlung kritisch gewürdigt werden.

Mit dem *Ursache-Wirkungsdiagramm* (auch: wegen seiner Darstellungsform Fischgräten-Diagramm, fish-bone-diagram oder nach seinem Promotor Ishikawa-Diagramm genannt) wird ein Ereignis, ein Problem oder generell eine Auswirkung nach den Ursachen untersucht („Warum"?). Die erkannten Ursachen können ihrerseits nach den tieferliegenden Ursachen hinterfragt werden („Warum?") und so fort.

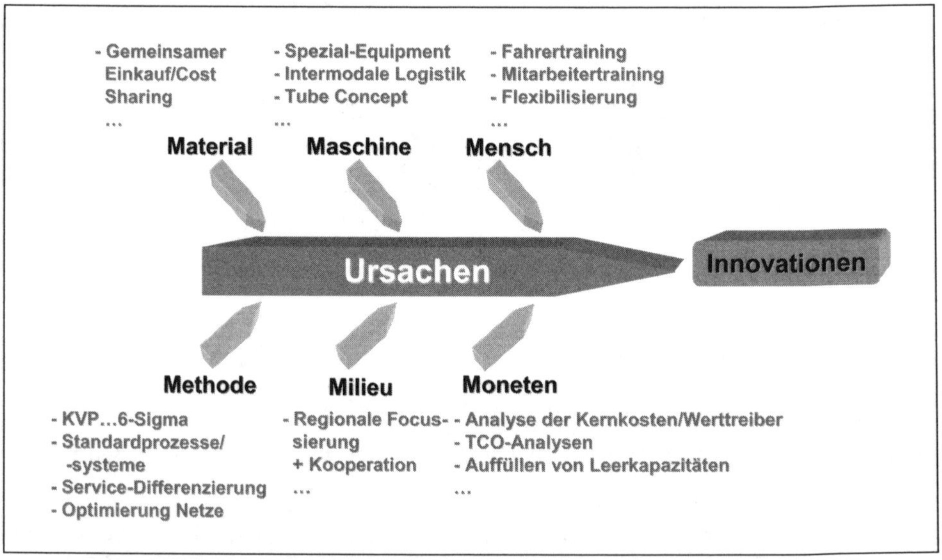

Quelle: Klepzig, Heinz-Jürgen: The Road To Excellence. Vortragsmanuskript vom European Carrier Day der DaimlerChrysler AG, Bremen 2006

Abbildung 68: *Ursache-Wirkungsdiagramm (Beispiel)*

Für die erste Ursachenebene werden häufig die 6 Ursachenfelder der „6-M“ eingesetzt:

- Mensch (beteiligte Personen etc.)
- Maschine (Einrichtungen, Geräte, Hardware generell wie z. B. Gebäude etc.)
- Material (eingesetzte Werkstoffe, Rohmaterialien etc.)
- Methode (eingesetzte Verfahren, Methoden etc.)
- Milieu (Arbeitsumfeld, Umgebung etc.)
- Moneten (finanzielle Rahmenbedingungen etc.)

Die einzelnen Ursachen können nach Prioritäten gewichtet werden (z. B. auf der Basis von Stichproben oder Meinungsumfragen), und dementsprechend kann im Diagramm die Strichstärke der Verbindungslinien variiert werden, sodass die Bedeutung der Ursachen auch optisch deutlich wird. Das 6-M-Schema kann nicht nur zur Analyse von Ursachen, sondern auch für die Ideensammlung von Verbesserungen herangezogen werden. Abbildung 68 zeigt Vorschläge zur Verbesserung der Fertigfahrzeugdistribution anhand des 6-M-Schemas.

5W1H-Methode

Dieses Instrument verfolgt eindimensional den wichtigsten Strang in einem Ursache-Wirkungszusammenhang (Abbildung 69): Eine Beobachtung wird nach der Hauptursachen hinterfragt: „Why“? Die Begründung wird wiederum nach der Hauptursache hinterfragt: „Why“? Man geht der Sache weiter auf den Grund: Nach fünfmal „Why“? erfolgt die Frage: „How can we change?“

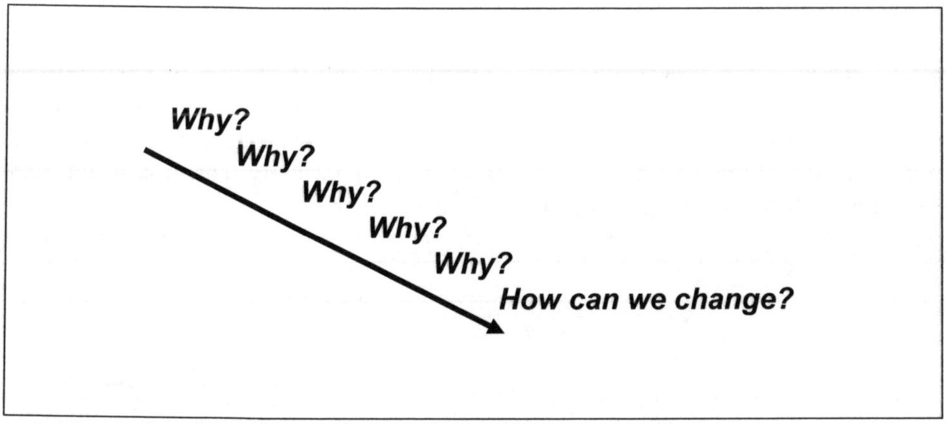

Abbildung 69: *5W1H-Methode*

Risikoanalyse

Durch ein frühzeitiges Erkennen von möglichen Fehlerquellen und das Bewerten ihrer Auswirkungen wird eine Strategie der Fehlervermeidung im Prozessablauf angestoßen. Abbildung 70 zeigt mit einem Formblatt die grundsätzliche Vorgehensweise. Zur Strukturierung der potenziellen Probleme können auch hier die 6-M herangezogen werden.

Nr.	potenzielle Probleme	Priorität A/B/C	potenzielle Fehlerursachen	Empfohlene Maßnahmen	Getroffene Maßnahme		
					Verantw.	Dat.	*Maßnahme*

Abbildung 70: *Risikoanalyse*

SWOT-Analyse

Zum schnellen Erfassen gegenwärtiger Stärken und Schwächen und zukünftiger Gelegenheiten, aber auch Gefahren bietet sich die SWOT-Analyse an (Abbildung 71). Die einzelnen Positionen lassen sich ebenfalls gemäß den 6-M strukturieren. SWOT ist die Abkürzung für Strength, Weakness, Opportunity, Threat, also für Stärken, Schwächen, Gelegenheiten und Gefahren.

	Strengths (Stärken)	Weaknesses (Schwächen)	Opportunities (Gelegenheiten)	Threats (Gefahren)

Abbildung 71: *SWOT-Analyse*

Durchlaufzeitanalyse

Bei der Durchlaufzeitanalyse (Abbildung 72) werden pro Gesamtauftrag oder pro Auftragsabschnitt die Ankunfts- und die Abfertigungszeiten für die einzelnen Prozessschritte festgehalten. Bei der Betrachtung eines Gesamtauftrags können beispielsweise wesentliche Zeitpunkte entlang der Auftragsbearbeitung erfasst werden: vom Eingang der Anfrage über die Angebotsabgabe und Auftragserteilung zur Bearbeitung in den Abteilungen bis zur Rechnungsstellung und dem Zahlungserhalt.

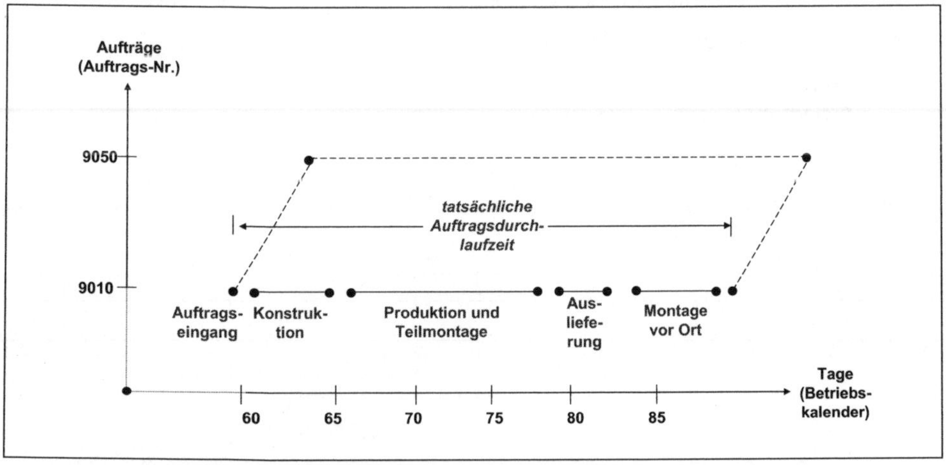

Abbildung 72: *Durchlaufzeitdiagramm (Prinzipskizze)*

Aus dem Vergleich der entsprechenden Prozessstrecken von verschiedenen Aufträgen lassen sich z. B. für eine Stichprobe von Aufträgen sowohl Prozessstörungen und -häufigkeiten als auch Entwicklungstendenzen der Bearbeitungsdauer erkennen.

In Kapitel 6.3 ist ein Fallbeispiel aufgeführt, in dem die Durchlaufzeitanalyse Verwendung findet.

Checklisten

Gemäß praktischer Erfahrung aus Projekten zum Working-Capital-Management und zugehörigem Prozessmanagement ergeben sich verschiedene Checkpunkte zum Hinterfragen typischer Schwachstellen. Wesentliche Checkfragen sind den Abbildungen 73 bis 76 zusammengestellt.

Allgemein:

- **Wie wird der Informationsaustausch intern sichergestellt?**
- **Wie eng arbeiten Buchhaltung und Verkauf bzw. Einkauf zusammen?**
- **Wie wird sichergestellt, dass bei einem Forderungsausfall eines Kunden sofort die Leistungserbringung unterbunden wird?**
- **Sind Schnittstellen (zwischen Stellen, Abteilungen, etc.) auf das Nötigste begrenzt?**
- **Werden alle im operativen und administrativen Bereich tätigen Mitarbeiter über Änderungen aktuell informiert?**
- **Wer ist für Sonderabläufe zuständig? Eine oder mehrere Personen?**
- **Werden Schulungen zur Verbesserung der Abläufe angeboten?**
- **Werden bei zeitintensiven Abläufen gezielt Veränderungen zur Effektivitätssteigerung vorgenommen?**

Abbildung 73: *Checkliste „Allgemein“*

Order to Cash

- Erfolgt eine Analyse der überfälligen Forderungen?
- Wie effizient ist die Bonitätsprüfung der Kunden?
- Wie behandelt man Skonto oder andere Abzüge des Kunden nach Ablauf der Zahlungsfrist?
- Werden bei der Preisgestaltung die Zahlungsbedingungen berücksichtigt?
- Gibt es definierte Ansprechpartner für Kundenreklamationen?
- Werden die Rechnungen zeitnah am Tag der Leistungserbringung ausgestellt?
- Gibt es outgesourcte Bereiche? Ist die Working-Capital-Relevanz überprüft worden?
- Gibt es unter diesem Gesichtspunkt Ansätze zum Insourcing?

Abbildung 74: *Checkliste „Order-to-Cash“*

Total Supply Chain

- Ist die Produktentwicklung so ausgelegt, dass Produktvarianten oder spätere Änderungen weitgehend vermieden werden können?
- Werden Prognose- und Planabweichungen in Vertrieb, Einkauf, Produktion analysiert?
- Werden Sicherheitsbestände, Abrufmengen, Losgrößen, Durchlaufzeiten regelmäßig überprüft und der aktuellen Wirtschafts- und Firmenlage angepasst?
- Nach welchen Kriterien erfolgt die Lieferantenbewertung /-auswahl?
- Gibt es eindeutige Verantwortlichkeiten für die Vorräte?
- Sind JiT-Gesichtspunkte ausreichend berücksichtigt?
- Wird auf eine Reduzierung der Lagerstufen geachtet?
- Werden auslaufende Bestände bevorzugt abgebaut?
- Ist der Eigentumsübergang an den Kunden optimiert?

Abbildung 75: *Checkliste „Total Supply Chain“*

Purchase to Pay

- **Sind die zahlungsauslösenden Ereignisse eindeutig definiert?**
- **Wie effizient ist die Zusammenarbeit Einkauf/Rechnungsprüfung bei der Prüfung der Eingangsrechnungen?**
- **Wie werden vorzeitige Warenanlieferungen behandelt?**
- **Werden terminkritische Anlieferungen im Wareneingang bevorzugt behandelt?**
- **Wie werden reklamierte Rechnungen behandelt?**
- **Sind die Zahlungsbedingungen standardisiert? Werden sie regelmäßig überprüft und ggf. verändert? Sind die Zahlungsziele mit den Lieferanten-zahlungszielen abgestimmt?**
- **Werden Lieferanten zur Verbesserung des Working-Capitals gezielt eingebunden?**

Abbildung 76: *Checkliste „Purchase-to-Pay"*

Umsetzung

In Kapitel 4.1 wurde ein Sechs-Schritte-Fahrplan zum Working-Capital-Management vorgestellt. Die Abbildung 77 verfolgt mit den sieben aufgeführten Schritten bei einer etwas abweichenden Schrittfolge grundsätzlich die gleiche Stoßrichtung.

7-Felder-Matrix

Die 7-Felder-Matrix (Abbildung 77) bietet sich insbesondere bei kleineren überschaubaren Veränderungen an, beispielsweise bei abteilungsbezogenen Vor-Ort-Projekten. In der Praxis hat sich bewährt, die einzelnen sieben Schritte auf einem DIN A3 Formular (oder noch größeres Format) im Team zu erarbeiten. Die einzelnen Schritte können auch bildhaft mit Skizzen oder Fotos ergänzt werden.

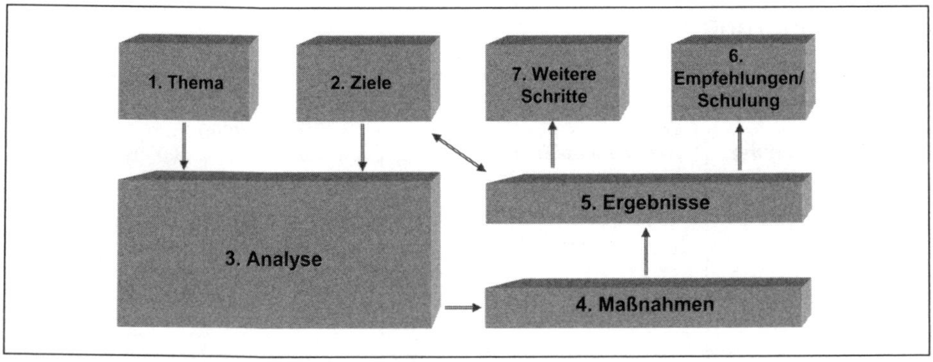

Quelle: Martin, Jean-Claude: Le Traitement de l'Information dans l'Entreprise, Paris 1994

Abbildung 77: *7-Felder-Matrix*

Die Inhalte der einzelnen Schritte sind in Abbildung 78 enthalten.

Einen bedeutenden Vorteil hat das Formular: Es zwingt zur Konzentration der Ausführungen auf das Wesentliche. Mit Abschluss eines Veränderungsprojektes enthält das Formular einen komprimierten Projektbericht, den man als „Erfolgstrophäe" der Gruppe in der „Dokumentationsecke" aufbewahren kann. Im Tagesgeschäft vergisst man schnell die einst akuten Probleme der Vergangenheit. Da ist es ganz gut zu sehen, welche Probleme schon erfolgreich aus der Welt geschafft wurden.

1. Thema festlegen	• *Problem identifizieren* • *Hauptthema festlegen*
2. Ziele setzen	• *Ausgangssituation verstehen* - *Daten sammeln* - *Schwachstellen lokalisieren* • *Ziele setzen*
3. Ursachen analysieren	• *Schwachstellen zahlenmäßig charakterisieren* • *Ursachen auflisten* • *Ursachen analysieren* • *Ansätze lokalisieren*
4. Maßnahmen durchführen	• *Maßnahmen planen* • *Maßnahmen durchführen*
5. Ergebnisse prüfen	• *Ergebnisse messen* • *Ergebnisse mit Ausgangszielen vergleichen* • *Messbare/Nicht-messbare Ergebnisse identifizieren*
6. Empfehlungen/Instruktionen formulieren	• *Vorgehensstandards für weitere Fälle erarbeiten* • *Controlling-Schritte einführen* • *Schulung der verantwortlichen Mitarbeiter*
7. Weitere Vorgehensweise	• *Vorschlag weiterer Schritte inkl. Budgetierung*

Abbildung 78: *7-Felder-Matrix/Inhalte der Einzelschritte*

Zielvereinbarung

Ziel Beschreibung	Weg Aktionen/Maßnahmen Beschreibung durch Mitarbeiter	Ressourcen Zeit %	sonstige

Anforderungen an Ziel erfüllt
o eindeutig messbar o positiv
o erreichbar o messbar

Konsequenzen bei
o Erfolg ____________
o Misserfolg ____________

Ort ____________
Datum ____________

Der Vorgesetzte ____________
Der Mitarbeiter ____________

Abbildung 79: *Zielvereinbarung/Projektbeschreibung*

Viele Unternehmen setzen sehr erfolgreich Zielvereinbarungen als Basis ihres Veränderungsmanagements ein, indem sie auf den Mitarbeiter als Veränderer setzen:

Wenn ein Mitarbeiter einen konkreten Engpass, Mangel oder auch eine Chance im Prozessablauf feststellt, sucht er sich eine kompetente Führungskraft, der er das Problem schildert. Die Führungskraft übernimmt die Patenschaft für das Problem. Es wird ein gemeinsamer Veränderungsantrag erstellt, über den die Unternehmensführung entscheidet.

Bei größeren Veränderungen wird für das Veränderungsprojekt eine Zielvereinbarung als „Wie-Plan" vom Mitarbeiter erstellt (Abbildung 79), deren Fortschritt laufend verfolgt wird.

Die Basiswerkzeuge im Überblick

Die folgende Tabelle zeigt einen zusammenfassenden Überblick der in den bisherigen Ausführungen erläuterten Basiswerkzeuge zur Prozessuntersuchung und -veränderung, die zu einer Reduzierung des Working-Capitals beitragen können. Nach unserer Erfahrung ist man mit diesem Instrumentenkasten für übliche Aufgabenstellungen wohlgerüstet.

Instrumente	Einsatzbeispiele
Reichweitenanalyse ■ DSO (Days Sales Outstanding) ■ DPO (Days Payables Outstanding) ■ DIO (Days Inventory Outstanding)	Benchmarking für ■ Forderungsbestand ■ Verbindlichkeiten ■ Bestände
ABC-Analyse	Reklamationen Lieferantenumsatz Forderungsausfälle
XYZ-Analyse	Sicherheitsbestände
7-Q	Basisinstrumente zur Prozessverbesserung
Prozessanalyse	Mapping kritischer Prozessabschnitte
Durchlaufzeitanalyse	Abfertigungsverhalten von Aufträgen in Prozessabschnitten
Wertzuwachsanalyse	Kapitalbindung entlang der Wertschöpfungskette
Risikoanalyse	Erfassung von Risiken im Prozess
SWOT	Erfassung Stärken/Schwächen/Chancen/ Risiken
Checklisten	Generelle Schwachstellen
7-Felder-Matrix	Kompakte Projektdarstellung
Zielvereinbarung	Vorgehensdetaillierung

Tabelle 5: *Basiswerkzeuge der Prozessuntersuchung*

5. Working-Capital: Gestaltungsmodelle für Finanzierung und Cash-Management

Bei den Maßnahmen zur Verringerung des Working-Capitals gibt es in der Praxis unter-schiedliche Gestaltungsmodelle. Die gängigsten wollen wir anhand verschiedener Beispiele für die einzelnen Positionen des Working-Capital beschreiben, also für Vorräte/Bestände, Forderungen, kurzfristige Verbindlichkeiten sowie Kassenbestand.

5.1 Vorräte/Bestände

Hier sind zwei grundsätzliche Vorgehensweisen zu unterscheiden:

- Bestandszurechnung
  Dieses Vorgehen beinhaltet eine möglichst späte Vereinnahmung der Zulieferung vom Lieferanten bzw. frühe Übergabe der Auslieferung an den Abnehmer, sodass die eigenen Bestände in der Bilanz verschlankt werden.
- Bestandsreduzierung
  Durch gezielte Gestaltung der Supply Chain wird eine Verminderung der Bestände im eigenen Haus angestrebt. Dieses Vorgehen kann sich vorteilhaft auch auf den Zulieferanten oder den Kunden auswirken.

5.1.1 Bestandszurechnung/inbound

Typisches Beispiel für die Bestandsreduzierung durch gezielte Bestandszurechnung ist auf Zuliefererseite die Einführung von Konsignationslagern.

Konsignationslager

Beim Konsignationslager hat der Lieferant („Konsignant“) ein Warenlager im Unternehmen des Abnehmers („Konsignatär“). Die Ware verbleibt im Eigentum und damit in der Bilanz des Lieferanten, bis der Kunde sie aus dem Lager entnimmt. Erst mit der Entnahme findet eine Lieferung als Basis der Rechnungsstellung statt.

Die Vorteile des Konsignationslagers für den Abnehmer sind insbesondere:

- hohe Versorgungssicherheit durch Lagerung vereinbarter Mengen; darüber hinaus ist das eingelagerte Material in aller Regel qualitätsgeprüft.
- geringe Kapitalbindung für den Abnehmer

Lieferanten-Logistik-Zentrum (LLZ)

Beim Lieferanten-Logistik-Zentrum haben mehrere Lieferanten ein gemeinsames Konsignationslager in unmittelbarer Nähe zu einem Großkunden. Der Lagerbestand bleibt auch hier bis zur Auslagerung und Anlieferung an den Kunden Eigentum der jeweiligen Lieferanten. Das LLZ wird häufig von einem Logistik-Dienstleister betrieben.

Die Vorteile des LLZ sind:

- „Ein-Lager-Prinzip" mit kurzer und sicherer Anbindung an den Kunden
- Kostenvorteile für die Lieferanten durch Skalenvorteile und bessere Nutzungsmöglichkeiten des Lagers

Die Nachschubsteuerung eines Konsignationslagers oder eines LLZ kann unterschiedlich ausgelöst werden. In der herkömmlichen Konsignationslagerbelieferung steuert der Lieferabruf des Kunden den Nachschub.

Durch Ansatz eines als VMI- oder SMI-geführten lieferantengesteuerten Konsignations-lagers oder LLZ übernimmt der Lieferant auch die Verantwortung für den Bestand.

Vendor Managed Inventory (VMI: Verkäufer-geführtes Bestandsmanagement)

Beim VMI hat der Lieferant Zugriff auf die Lagerbestands- und Nachfragedaten des Kunden. Er übernimmt die Verantwortung für die Bestände seiner Produkte beim Abnehmer. Lieferungen werden vom Lieferanten eigenmächtig ohne Vorliegen einer expliziten Bestellung seitens des Abnehmers dann veranlasst, wenn aufgrund der Lagerbestands- und Nachfragedaten eine Unterdeckung absehbar ist. Häufig wird dem Abnehmer das volle Retourenrecht (z. B. bei Saisonartikeln, Ladenhütern) eingeräumt. Basis für die Berechnung der Lieferungen sind z. B. Abverkaufsdaten und aktuelle Lagerbestände, die über EDI oder Internet vom Abnehmer zum Lieferanten übertragen werden.

Die Vorteile von VMI sind insbesondere:

- hoher Servicegrad durch schnelle Reaktion des Lieferanten auf Bedarfsschwankungen

- höhere Freiheit, aber auch Verantwortung des Lieferanten beim Disponieren der Lieferungen und damit die Möglichkeit kostengünstiger Losgrößen
- geringe Lagerbestände beim Abnehmer

Supplier Managed Inventory (SMI: Lieferanten-geführtes Bestandsmanagement)

SMI bezeichnet die verbrauchsgesteuerte Materialversorgung des Herstellers durch den Vorlieferanten. Der Vorlieferant ist für die Bestände des Lieferantenlagers verantwortlich. SMI entspricht grundsätzlich dem VMI: Allerdings geht die Betrachtungsrichtung hier gegen den Wertschöpfungsstrom vom Lieferanten zum Vorlieferanten und nicht wie beim VMI mit dem Wertschöpfungsstrom vom Lieferanten zum Abnehmer.

Die Schnittstelle zwischen Lieferant und Abnehmer und damit die Bilanzwirksamkeit der Bestände ist nicht immer leicht zu orten. Abbildung 80 zeigt die typische Aufgabenverteilung bei den erwähnten Lagerarten.

Als Leitlinie – auch durch IAS gestützt – gilt: Wer die wirtschaftliche Verfügungsgewalt über die Bestände hat, hat sie auch in seiner Bilanz zu führen (siehe dazu auch das Fallbeispiel in Kapitel 6.4).

Merkmale	Konsignationslager	LLZ	VMI	SMI
Eigentümer/ Bestände	L1	L1	L1	L2
Lagerstandort	A	L1	A	L1
Einlagerung durch	L1	L1	L1	L2
Entnahme/ Auslagerung durch	A	L1	L1	L2
Lagerverantwortung	L1	L1	L1	L2
Buchungen	L1	L1	L1+A	L2+L1
Materialdisposition	L1	L1	L1	L2

Legende:
A: Abnehmer
L1: Lieferant tier-1
L2: Lieferant tier-2

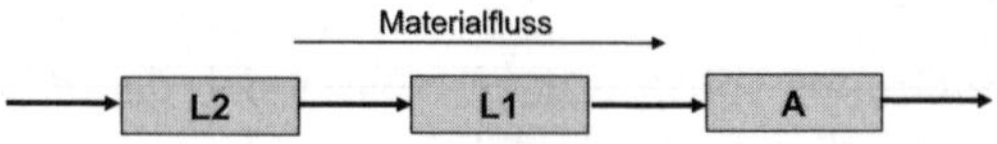

Abbildung 80: *Lagerarten und typische Aufgabenverteilung für Industrieunternehmen*

In der Praxis werden Konsignationslager häufig als VMI oder SMI geführt. Dennoch dürfen – wie es im Sprachgebrauch häufig erfolgt – die Begriffe Konsignationslager und VMI bzw. SMI nicht als identisch verwendet werden. Die Warenbestände bei einer Versorgung nach VMI bzw. SMI können sowohl als Konsignationslager (Eigentum des Lieferanten!) als auch nach anderen Modalitäten verwaltet werden (im Handel ist im Rahmen des Efficient Customer Response in aller Regel der Händler der Eigentümer). Und die Warenversorgung eines Konsignationslagers wiederum kann per VMI und SMI, aber auch per Lieferscheinabruf, Kanban oder durch andere Systeme gesteuert werden.

5.1.2 Bestandszurechnung/outbound

Eine Bestandsreduzierung durch Bestandszurechnung lässt sich outbound beispielsweise dadurch erreichen, dass gefertigte Produkte mit der Fertigstellung unmittelbar einer Vertriebsgesellschaft zugerechnet werden. Bestände für Fertigfabrikate werden damit in der Bilanz des fertigenden Unternehmens vermieden. Dies wird bei verschiedenen Kfz-Herstellern praktiziert.

Zwecks Bestandsreduzierung sollten eigene Konsignationslager – wie für die Bestandszurechnung/inbound schon entsprechend dargestellt – möglichst vermieden werden. Bei den Methoden zur Bestandsreduzierung ist zunächst eine Gruppe von verschiedenen Ansätzen zu nennen, die zu einer verbrauchsorientierten Ausgestaltung der Bestandshöhe führen. Ziel ist die Vermeidung von Überproduktion. Um eine Senkung der Lagerbestände zu erzielen, kommt die herkömmliche Losgrößenoptimierung nicht zum Einsatz. Stattdessen wird das Pull-Prinzip (Hol-Systematik) verfolgt.

Vorraussetzung ist das Vorliegen eines relativ gleichmäßigen Verbrauchs über die Zeitachse hinweg. Falls dies nicht gewährleistet ist, ist das Push-Prinzip (Bring-Systematik) zu verwenden. Auch dies kann so ausgelegt werden, dass möglichst wenig Bestände vorhanden sind.

Der JiT-Gedanke zur Bestandsreduzierung kann also durch Pull- und Push-Prinzipien verfolgt werden. Beide Prinzipien können innerbetrieblich zwischen Quelle und Senke, also Lieferant und Verbraucher, aber auch überbetrieblich zwischen Betrieben eingesetzt werden.

Eine weitere Gruppe von Ansätzen befasst sich damit, den Leistungserstellungsprozess vor Ort möglichst gleichmäßig zum Fließen zu bringen und störungsfrei am Fließen zu halten.

Nachfolgend werden einige typische Ansätze der Bestandsreduzierung durch gezielte Gestaltung der Supply Chain erläutert, die inbound wie outbound Verwendung finden können.

5.1.3 Bestandsreduzierung durch schlanke Prozesse

2-Behälter-System

Bei diesem System befinden sich im Vorratslager zwei gefüllte Behälter. Aus dem ersten Behälter wird der aktuelle Bedarf entnommen. Ist der Behälter leer, wird eine Bestellung ausgelöst. Bis zur Anlieferung wird der Bedarf aus dem zweiten Behälter gedeckt. Der Behälterinhalt muss mit der Wiederbeschaffungszeit abgestimmt sein.

Es liegt hier eine verbrauchsorientierte Disposition nach dem Bestellpunktverfahren vor. Der Meldebestand ist mit dem Leer-Sein des ersten Behälters erreicht. Ein Sicherheitsbestand ist nicht berücksichtigt.

3-Behälter-System

Das oben beschriebene 2-Behälter-System wird hier durch einen weiteren Behälter ergänzt, in dem sich die „eiserne Reserve“ als Sicherheitsbestand befindet.

Kanban-System

Mit dem Begriff Kanban wird die Karte bezeichnet, die sich an einem Behälter mit nach Menge und Art genau definiertem Inhalt befindet. Die Karte enthält als Mindestinformationen zum Behälterinhalt:

- Teileidentifikation
- Quelle
- Senke
- Pufferlager
- Behälterart und seine Standardmenge
- Kartennummer
- Ausgabedatum

Bei Entnahme eines Behälters von seinem Pufferplatz zwischen Quelle und Senke wird die Karte entfernt und in einen „Briefkasten“ geworfen, der regelmäßig geleert wird. Mit dieser Karte wird der Bedarf der Senke an die Quelle gemeldet. Die liefernde Stelle beginnt nun, genau so viele Teile zu produzieren oder zusammenzustellen, wie es auf der Kanban-Karte festgelegt ist. Diese Teile werden nach Fertigstellung im festgelegten Behälter mitsamt Kanban an das Pufferlager geliefert.

Als Varianten unterscheidet man insbesondere das Ein- und Zwei-Karten-Kanban-System (Abbildung 81). Beide Varianten können innerbetrieblich oder zwischenbetrieblich eingesetzt werden. Durch die Verbrauchsorientierung bei beiden Systemen können Überbestände vermieden werden.

Beim Ein-Karten-System ist der Puffer unmittelbar bei der Quelle oder der Senke angeordnet. Beim Zwei-Karten-System wird der Puffer als selbständige Einheit im Materialfluss behandelt. Damit erhält man den Vorteil besserer Bestandsüberwachung. Die körperliche Kanban-Karte ist heute in den meisten Betrieben durch elektronische Kanban ersetzt oder ergänzt.

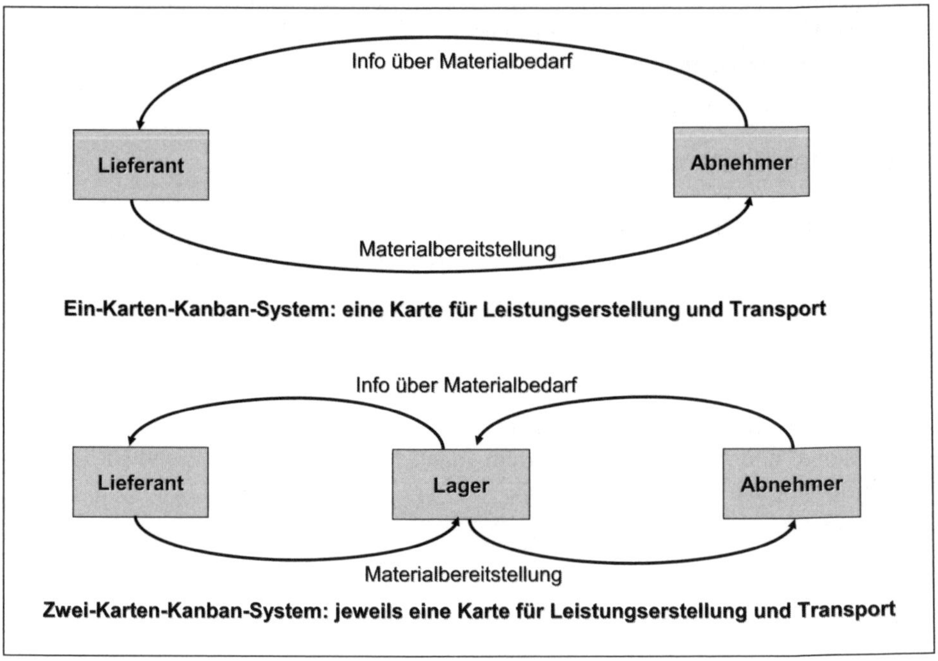

Abbildung 81: *Kanban: Ein- und Zwei-Karten-System*

Das Kanban-System arbeitet nach dem Hol-Prinzip. Zwischen Senke und Quelle liegt ein dezentraler sich selbst steuernder Regelkreis vor. Als Aufgabe einer zentralen Stelle zur Fertigungssteuerung verbleibt insbesondere, bei größeren Bedarfsänderungen der Senke die Zahl der zwischen Senke und Quelle zirkulierenden Kanban anzupassen.

Als wesentliche Vorteile des Kanban-Systems ergeben sich:

- Reduzierung des Umlauf- und Lagerbestands durch Fertigung ausschließlich nach Bedarf und nicht auf Vorrat

- Transparenz der Prozesse

Allerdings bedarf es verschiedener Voraussetzungen zum Einsatz des Kanban-Systems. Die wichtigsten Voraussetzungen sind:

- geringe Nachfrageschwankungen (also insbesondere X-/Y-Artikel)
- hohe Produktwertigkeit (also insbesondere A-/B-Artikel)
- niedrige Rüstzeiten
- geringe Variantenvielfalt
- hohe Standardisierung des Fertigungsprogramms
- hohe Prozess- incl. Qualitätsstabilität

Just-in-Sequence-(JiS-)Systeme

Während man beim Kanban-System bei Bedarf jeweils behälterweise fest definierte Mengen mit untereinander identischen Teilen anliefert, werden beim JiS durchaus variante Teile zu dem Zeitpunkt, zu dem sie verbaut werden sollen, in der richtigen Reihenfolge, also sequenzgerecht, angeliefert.

Bei der Endmontage von Pkw ist der Einsatz von JiS-Anlieferung üblich: Entsprechend der „eingefrorenen" Reihenfolge der kundenindividuell lackierten und vormontierten Karosserien auf dem Endmontageband werden die Sitze – die sich in vielen Varianten kundenspezifisch nach Material, Farbe und Sonderausstattung unterscheiden – reihenfolgegerecht produziert, angeliefert und verbaut.

JiS bietet sich insbesondere bei solchen Teilen an, die durch hohe Variantenzahl, großes Lagervolumen und/oder hohe Wertigkeit bzw. Kapitalbindung besonders hohe Lagerkosten verursachen würden. Die erwähnten Pkw-Sitzeinheiten sind typische Beispiele dafür.

Just-in-Time-(JiT-)Systeme

- Push and Pull

  Das Just-in-Time-Konzept beschreibt nach herrschendem Verständnis alle Ansätze, die zu einer Reduzierung nicht-wertschöpfender Tätigkeiten führen. Insbesondere umfasst das Konzept solche Methoden, die zu einer Verringerung der Durchlaufzeiten und Bestände führen.

  Einige Autoren setzen JiT einschränkend mit nachfrageorientierten Ansätzen (Pull-Technik wie z. B. beim Kanban) gleich. Meist wird dabei von einem relativ gleichmäßigen Bedarf ausgegangen. Obige Festlegung bedeutet jedoch weitergehend, dass das JiT-Konzept auch bei prognoseorientierten Ansätzen (Push-Technik) mit größeren Bedarfssprüngen zum Einsatz kommen kann.

Abbildung 82 charakterisiert die beiden Techniken.

	Push-Techniken	**Pull-Techniken (JiT im engeren Sinne)**
Kennzeichen:	Angebotsorientierung	Nachfrageorientierung
Auslösende Stelle:	Leistungszulieferant	Leistungskunde
Basis:	Zukünftiger Bedarf/Prognose	gegenwärtiger Bedarf
Bedarfsverlauf/ Anforderungen:	Bedarfssprünge möglich	relativ stetiger Bedarf
Methoden-Beispiel:	MRP I	Kanban
Anwendungsbeispiele:	nach Zeit und Inhalt stark variierende Aufträge (z. B. Sonderanfertigung)	teuere, großvolumige komplette Teile/Varianten, Bedarf mit großer Vorhersagegenauigkeit (z. B. Kfz-Sitze)

Abbildung 82: *Push- und Pull-Techniken*

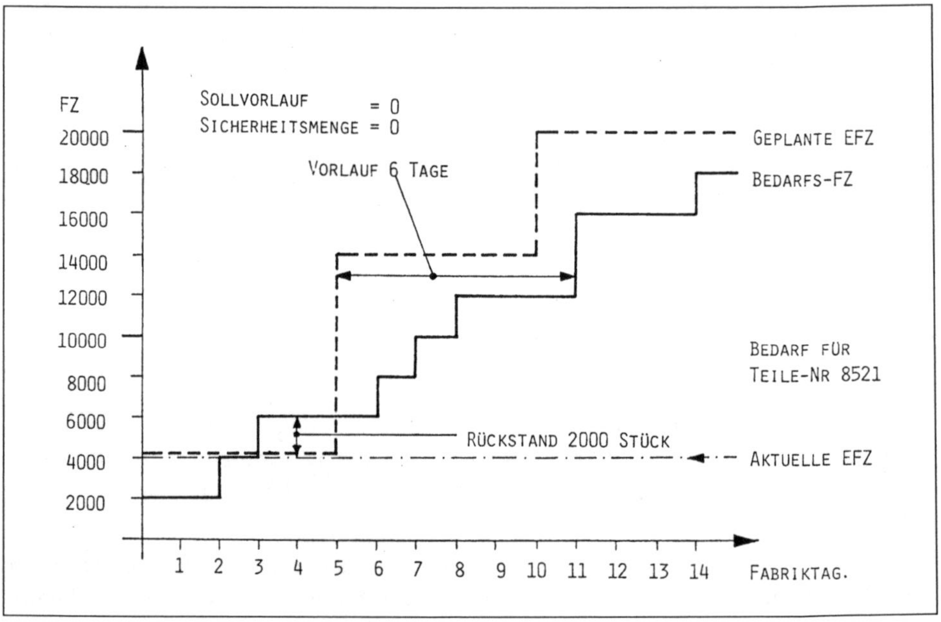

Quelle: ACTIS: Flexible Fertigungsorganisation, Stuttgart, o. J.
Abbildung 83: *Fortschrittszahlen-Modell*

- Fortschrittszahlen
  Es gibt verschiedene Methoden, die Push-Technik JiT-orientiert umzusetzen.

  Beispielhaft wird mit dem Fortschrittszahlen-Modell eine Methode vorgestellt, die in der Praxis häufig in der Serienfertigung von Maschinenbau, Fahrzeugbau und Elektrotechnik innerbetrieblich und zwischenbetrieblich vorzufinden ist.

  Beim Fortschrittszahlen-Modell (Abbildung 83) wird der Bedarf der Senke für einen Artikel kumuliert entlang der Zeitachse aufgetragen und der Quelle diese Soll-Kurve mit einem zeitlichen Vorlauf (in der Praxis meist mehrere Tage) mitgeteilt. Die Quelle hat die Aufgabe, ihre kumulierte Ist-Kurve zu jedem Zeitpunkt oberhalb der Soll-Kurve zu halten. Dabei ist die Quelle nicht wie beim Kanban-System an definierte feste Fertigungs- und Anliefermengen gebunden, sondern hat die Möglichkeit, beide entlang der Zeitachse zu optimieren.

Betreibermodell

Beim Betreibermodell überträgt der eigentliche Hersteller die gesamte Produktion oder einzelne Aufgabenpakete für eine limitierte Zeit auf einen Betreiber. Der Hersteller tritt damit als Kunde gegenüber der Betreibergesellschaft auf.

Beim klassischen Betreibermodell erfolgt die Investition der Produktionsanlage durch die Betreibergesellschaft. Gesellschafter der Betreibergesellschaft können insbesondere sein:

- Anlagenbauer der Produktionsanlage
- das Kunden-Unternehmen
- Investoren

Die Betreibergesellschaft erhält die getätigte Investition meist pro produzierte Einheit vom Kunden bezahlt. Häufig sind garantierte Mindestabnahmemengen festgelegt. Die hier vorliegende Gründung einer Projektgesellschaft für limitierte Zeit ist im Kern eine spezielle Form des Outsourcings und bringt für den Kunden insbesondere folgende Vorteile:

- niedrige Kapitalbindung bei Beständen und Anlagevermögen
- Vorfinanzierung durch die Betreibergesellschaft
- Risikominderung

Um einen Ausweis der Investitionen beim Kunden zu vermeiden, sind die Spielregeln von IAS und US-GAAP zu berücksichtigen. Doch auch die Betreibergesellschaft hat Vorteile insbesondere durch:

- längerfristige Verträge
- Kalkulierbarkeit von Absatz und Einnahmen im vereinbarten Rahmen

Bekannte Beispiele für Betreibermodelle findet man in:

- Hambach: Industriepark Hambach, Smartville
- Köln: Lackierstrasse Ford
- München: Flughafen München, Terminal 2

Eine wesentliche Wurzel von Betreibermodellen ist in öffentlichen Projekten zu finden, die häufig mit dem Begriff Public Private Partnership belegt sind.

Engpassmanagement

Das Engpassmanagement[7] basiert auf der Kernidee, dass im Gesamtleistungserstellungsprozess eines Systems der Durchsatz durch einen Flaschenhals begrenzt wird: Eine in diesem Engpass verlorene Stunde ist eine für das gesamte System verlorene Stunde. Nur durch Vergrößerung des Durchsatzes am Engpassprozess kann der Durchsatz des Gesamtsystems erhöht werden. Alle anderen Prozesse haben den Engpassprozess zu unterstützen. Dies kann z. B. dadurch erfolgen, dass die Rüstzeiten im Engpassprozess vermindert werden, auch auf Kosten höherer Rüstzeiten in anderen Prozessabschnitten. Falls der vorgefundene Engpass ausgeweitet ist, kann durchaus an anderer Stelle der nächste Engpass entstehen.

Bildhaft zeigen sich Engpässe beim Geleitzugprinzip einer Flottille: Das langsamste Schiff bestimmt die Gesamtgeschwindigkeit der Gruppe. Wenn dieses Schiff auf Tempo gebracht wird, wird ein anderes Schiff der nächste Engpass werden.

Mit dem Engpassmanagement liegt eine ausdrückliche Flussorientierung mit dem Ziel geringer Bestände und schnellen Auftragsdurchlaufs vor. Die Berücksichtigung von Engpasskapazitäten ist sicher sinnvoll und wird beispielsweise bei der Auslegung von Fertigungsstraßen auch praktiziert: Wenn bei Flaschenabfüllanlagen die eigentliche Abfüllstation der Engpass ist, werden nachfolgende Stationen für Transport, Verpackung etc. tendenziell mit Überkapazitäten ausgelegt, damit selbst nach eventuellen Staus am Engpass die nachfolgenden Stationen nie zum Engpass werden.

Für kurzfristige Optimierungen von Leistungsprozessen ist die Engpassoptimierung aufwendig, weil sich dauernd die Engpasskapazitäten verändern und daher ständig neue Netzwerkberechnungen erforderlich machen.

---

7 Vgl. Goldratt/Cox, 2002 sowie Dettmer, 1998

Komplexitätsreduzierung

Komplexität bedeutet, dass eine Vielzahl von Elementen mit einer Vielzahl von Beziehungen zwischen den Elementen vorliegt.

In der Praxis ist festzustellen, dass viele Unternehmen zu komplexe Produkte und Prozesse aufweisen. Konsequenz ist in aller Regel ein ungünstiger Materialbestandsumschlag. Ein allgemeines Plädoyer zur Komplexitätsreduzierung wird durch folgende Veranschaulichung gegeben (Abbildung 84):

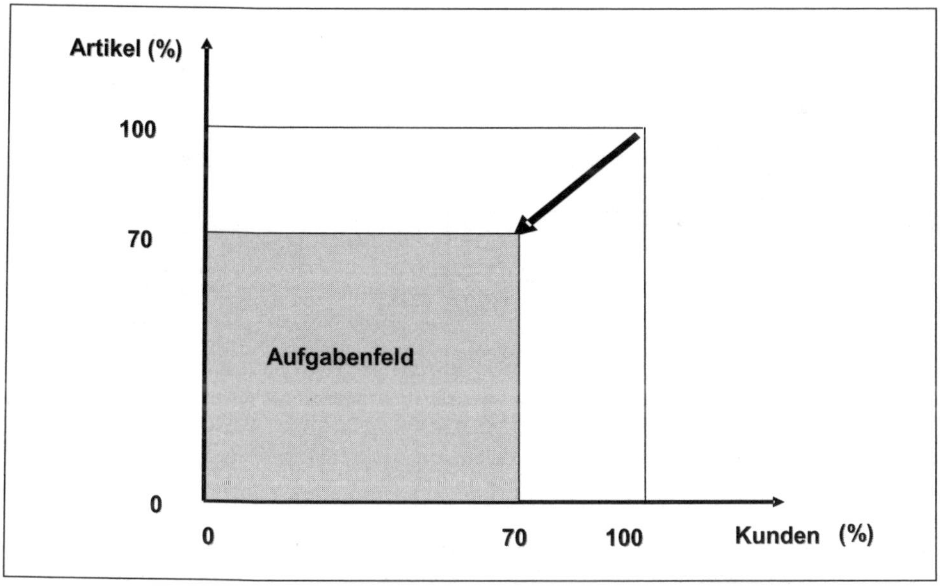

Abbildung 84: *Aufgabenbereinigung und Komplexität*

In einem Unternehmen sei das Aufgabenfeld vorgegeben durch die Bearbeitung von 100 Kunden und 100 Artikeln. Wenn nun das Top-Management befragt würde, ob gemäß ABC-Klassifizierung sowohl eine Kunden- als auch eine Artikelbereinigung um 30 Prozent ohne tiefgreifende Ergebnisverschlechterung möglich sei, beantwortete dies – wie uns verschiedenste Workshops zeigen – das Top-Management meist zustimmend.

Dieses Vorgehen bedeutet aber nichts anderes, als dass das Aufgabenfeld von 100 x 100 = 10.000 auf 70 x 70 = 4.900, also um mehr als 50 Prozent reduziert wird, ohne dass radikale Einbußen zu befürchten wären! Das Beispiel lässt sich auf andere Dimensionen wie z. B. Produkte und verwendete Materialien, Lieferanten und verwendete Materialien übertragen.

Zugegeben: die Veranschaulichung ist stark vereinfacht; die Lösung in der Praxis und die Messung ihres Erfolgs wird nicht ganz so einfach sein. Als Grundtenor verbleibt jedoch die bei Praktikern wohl unwiderlegte Aufforderung, komplexitätstreibende Vielfalt weit möglichst zu reduzieren und die verbleibende Restkomplexität zu beherrschen.

Die generelle Prinzipskizze einer Supply Chain in Abbildung 85 veranschaulicht mit Beispielen zentrale Erscheinungsformen der Vielfalt:

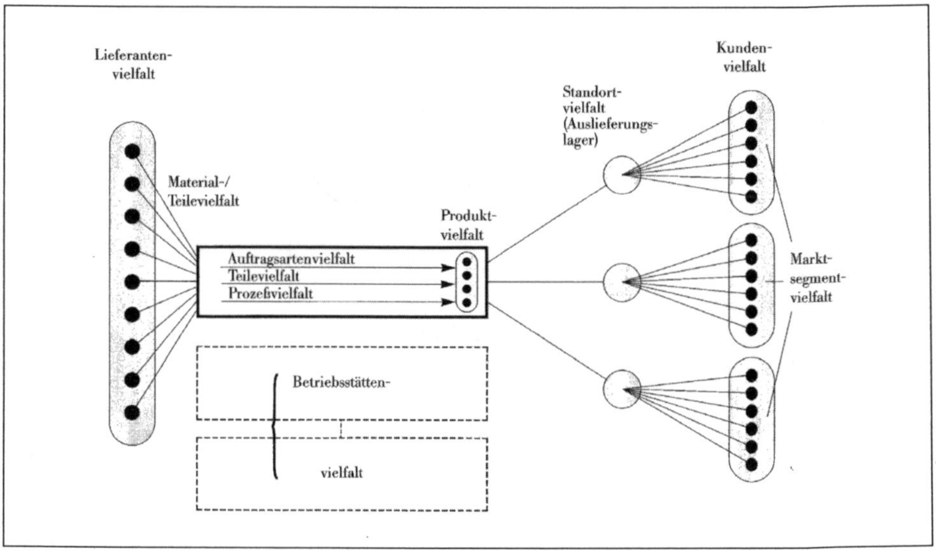

Quelle: Klepzig, Heinz-Jürgen; Meissner, Dirk: Märkte im Umbruch, Strukturen im Wandel, München 1993

Abbildung 85: *Vielfalt entlang der Supply Chain (Beispiele)*

- Produktvielfalt ist die für ein Unternehmen augenfälligste Form der Vielfalt.
- Kunden- und Marktsegmentvielfalt liegen vor bei der Bearbeitung vieler serviceaufwendiger Kleinkunden und vieler bearbeitungsaufwändiger kleiner Marktsegmente.
- Auftragsartenvielfalt ergibt sich als ein Nebeneinander der Bearbeitung z. B. von Kundenaufträgen, Lageraufträgen, Ersatzteilaufträgen, Eilaufträgen. Dies kann Standortvielfalt bewirken. Prozessvielfalt kann die Folge sein.
- Material- und Teilevielfalt ist in aller Regel das Ergebnis einer ungezügelten Produktvariantenexplosion. Lieferantenvielfalt kann die Konsequenz sein.

Grundsätzliche Ansätze zur Bereinigung von Vielfalt sind Standardisierung, Familienbildung und Segmentierung. *Standardisierung* hat das Ziel der Reduktion der Variantenvielfalt und der Erhöhung der Mehrfachverwendung. Standardisierung kann durchgeführt werden beispielsweise für:

- Teile, Baugruppen, Produkte (z. B. einheitliche Wälzlager, Antriebsmotoren)
- Prozesse, Abläufe (z. B. für Angebots- oder Mahnverfahren)
- Maschinen, Ausrüstung (z. B. einheitliche Werkzeugmaschinen)

Standardisierte Teile oder Prozesse sind untereinander identisch. Die Bildung von *Ähnlichkeitsfamilien* oder *Teilefamilien*, z. B. bei Bauteilen, führt wie die Standardisierung zu einer weit möglichst einheitlichen Behandlung von einander ähnlichen oder partiell identischen Teilen oder Abläufen. Gleiches gilt bei der Bildung von Segmenten wie z. B. Kundensegmenten: Kunden, die in wesentlichen Kriterien ähnlich sind, werden nach einheitlichem Muster behandelt.

5.1.4 Bestandsreduzierung durch Vor-Ort-Management

Probleme liegen immer dann vor, wenn das Ist das Soll nicht erreicht.

Ziel des Vor-Ort-Managements ist es nun, den Mitarbeiter am Ort des Geschehens bei dort auftretenden Problemen selbstverantwortlich handelnd einzubinden und sein Know-how, seine Problemfeststellungen vor Ort und seine Problemlösungsfähigkeit zu nutzen.

Wir zeigen nachfolgend verschiedene Ansätze des Vor-Ort-Managements auf, die durch schnelle Problemlösung zu einem besseren Prozessfluss und zu einer Bestandsreduzierung beitragen können.

Kommunikation vor Ort und Visualisierung

Gute Kommunikation im Betrieb und schnelles Reagieren bei Soll-Ist-Abweichungen bedeutet Reduzieren von unnötigen Beständen. Dies kann insbesondere durch visuelle Kommunikation (Visualisierung), erreicht werden. Die visuelle Kommunikation wird in japanischen Unternehmen verstärkt eingesetzt, findet jedoch auch in deutschen Unternehmen mehr und mehr Verwendung.

Visualisierung am Arbeitsplatz (auch im Büro) oder in einer Abteilung hat das Ziel, dazu beizutragen, dass:

- vorbeugend Probleme (insbesondere Verschwendung) vermieden werden und

- Verbesserungsmaßnahmen verfolgt werden, indem der Stand der Aktivitäten am Arbeitsplatz oder in einer Abteilung auch von einem außenstehenden Fachkundigen auf einen Blick erfasst und beurteilt werden kann. In vielen Unternehmen ist dies leider nicht einmal dem zuständigen Abteilungsleiter ohne eingehende Rückfragen möglich!

Motto der Visualisierung ist: mache das Unsichtbare sichtbar!

Die genannten Einsatzzwecke der Visualisierung lassen sich weiter unterteilen, wie in folgender Abbildung 86 dargestellt:

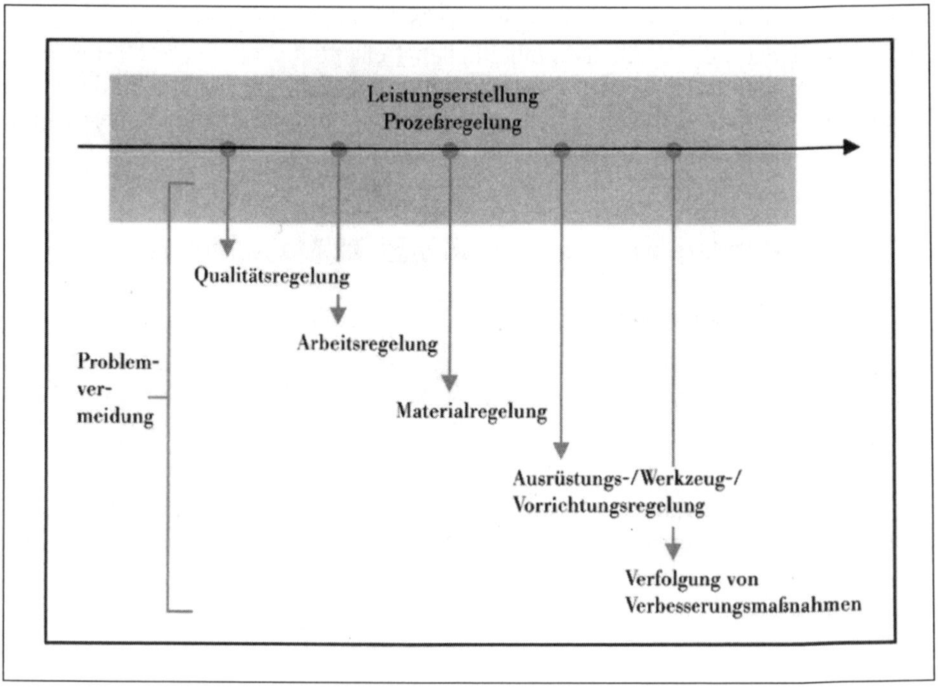

Quelle: Klepzig; Heinz-Jürgen; Meissner, Dirk: Initiativen für neue Wettbewerbsstärken, München 1997
Abbildung 86: *Visualisierung/Einsatzzwecke*

Einige Beispiele zu Visualisierungsmöglichkeiten im Fertigungsbereich sind in Abbildung 87 zusammengetragen:

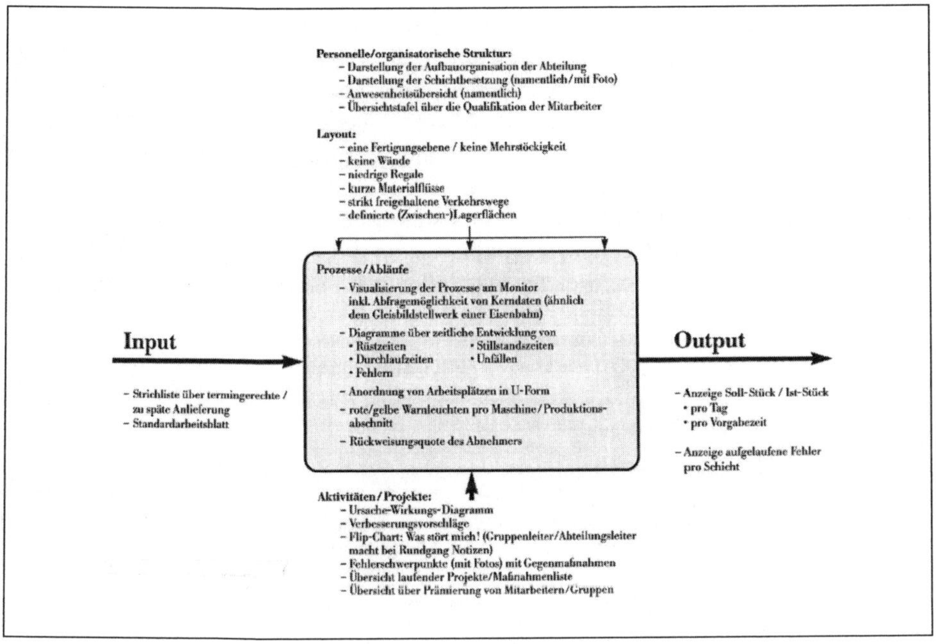

Quelle: Klepzig; Heinz-Jürgen; Meissner, Dirk: Märkte im Umbruch, München 1993
Abbildung 87: *Visualisierungsbeispiele/Fertigung*

Auch im Büro lässt sich Visualisierung zweckmäßig einsetzen. Beispiele sind in Abbildung 88 genannt:

1. Ablage

- Ablageordnung
- Ablagebereiche

2. Arbeitsdurchführung

- Verfolgung von Durchlaufzeiten
- Abläufe synchronisieren

3. Abläufe

- Erarbeiten von Standardabläufen

4. Ausrüstung

- Kalender/Checklisten/Farbsignale für regelmäßige Überprüfung

Abbildung 88: *Visualisierungsbeispiele/Büro*

Transparenz über das Geschehen im Unternehmen und der Abteilung können die Mitarbeiter durch Visualisierungen gewinnen, die zweckmäßigerweise in der Kommunikationsecke der Abteilung angebracht sind. Diese kann jederzeit zugänglich offen oder abhängig von Umgebungseinflüssen – beispielsweise in der Fertigung – in einem geschlossenen Besprechungsraum oder Besprechungscontainer angesiedelt sein. Immer sollte sie sich im Arbeitsbereich der Mitarbeiter und beispielsweise nicht in einem weit entfernten Präsentationsraum befinden. Sogar eine zu bewältigende Treppe zum Besprechungscontainer kann kommunikationshinderlich sein. Nachfolgend wird skizziert, welche Darstellungen in einer Kommunikationsecke aufgeführt sein können:

Informationen zum Unternehmen:
z. B. Unternehmensziele, Geschäftsfelder, Kundengruppen, laufende Projekte, aktuelle Informationen

Informationen zur Abteilung:
z. B. Verfolgung von Ausbringung, Qualität, Kosten, pünktlicher Lieferung, Sicherheit, Anwesenheit und Urlaubsplan der Mitarbeiter, aktuelle Informationen über Abteilung und Mitarbeiter

Verbesserungsmaßnahmen in der Abteilung:
z. B. Schwerpunktthemen, Verbesserungsteam, Maßnahmenstand, Auswirkungen

Abbildung 89: *Kommunikationsecke*

Ob eine Kommunikationsecke lebt, lässt sich schnell feststellen: am Datum der einzelnen ausgehändigten Tafeln. Wenn ein Aushang mit einstmals aktueller Information (Beispiel: Ankündigung des Sommerfestes) noch im Winter aushängt, dann ist die Informationspflege wohl mangelhaft und die Idee der Kommunikationsecke nicht mehr besonders spritzig. Es ist wie beim Bier: Abgestandenes schmeckt schal und verdirbt den Spaß! Deshalb muss die Führungsspitze das Interesse an der Visualisierung und der Kommunikationsecke wach halten, muss die Abteilungsleitung aktuelle Informationen aufbereiten, muss ein „Putzdienst" die Aktualität der Aushänge pflegen.

5-S-Regeln/5-A-Regeln

Mit den 5-S-Regeln[8] sollen am Arbeitsplatz Prinzipien eingeführt werden, die sich aus zweckmäßigen Prinzipien des persönlichen Arbeitsbereiches zu Hause ableiten lassen.

---

[8] Z. B. Hirano, 1993

Auch hier geht es darum, die Prozesse „zum Fließen“ zu bringen, was eine Bestandsreduzierung erleichtert. Ursprünglich stammt die Vorgehensweise aus Japan.

Mit 5 S werden 5 unterschiedliche Aktionen erfasst, die im Japanischen jeweils mit dem Buchstaben S beginnen. Im Deutschen findet man häufig die Bezeichnung 5-A-Regeln. Die einzelnen Aktionen sind jeweils auf den Anfangsbuchstaben A ausgelegt. Die Regeln werden verschiedentlich auch als Haushaltsregeln bezeichnet. Ziel der Regeln ist es, Verschwendung am Arbeitsplatz zu verringern (Abbildung 90).

Die 5-A-Regeln wurden zunächst im Fertigungsbereich entwickelt und angewendet. Sie lassen sich aber auch im Verwaltungs-, Dienstleistungs- oder Handelsbereich einsetzen.

1. **Aussortieren**
   Zwischen notwendigen und unnötigen Arbeits- und Hilfsmitteln unterscheiden!
   Nur das, was benötigt wird, am Platz haben!
2. **Aufräumen**
   Ordnen der notwendigen Arbeits- und Hilfsmittel!
   Für jedes Material, Arbeits- und Hilfsmittel eine vorgeplante griffgünstige Stelle!
3. **Als Platz sauber halten**
   Den Arbeitsplatz und die verwendeten Arbeits- und Hilfsmittel nach Gebrauch
   sofort sauber halten und pflegen, damit eine sofortige Betriebsbereitschaft gewährleistet ist.
4. **Anordnungen zur Regel machen**
   Alle Vorschriften, Standards, Regeln einhalten.
5. **Alle Punkte einhalten und ständig verbessern**
   Sich selbst disziplinieren, die genannten 4 A einzuhalten
   und zu einer ständigen Verbesserung des Arbeitsplatzes und Arbeitsumfelds beizutragen.

Abbildung 90: *Die 5-A-Regeln*

Die Regelmäßigkeit von 5-A-Aktionen kann dadurch gestützt werden, dass nach stetigem Ritual im Jahresablauf eine Woche lang „die Woche des ersten A“, später dann „die Woche des zweiten A“ und so fort eingeplant und begangen wird.

Poka yoke[9]

Die fehlervermeidende Auslegung von Produkten und Prozessen ist unter dem japanischen Schlagwort Poka yoke ins Gespräch gekommen. Ziel ist es, Produkte und Prozesse so auszulegen, dass die Wahrscheinlichkeit von Fehlern auf ein äußerst niedriges Niveau gesenkt wird. Voraussetzung für eine fehlervermeidende Auslegung ist in aller Regel, dass insbesondere durch Standardisierung eine gewisse Wiederholungshäufigkeit der Vorfälle gegeben ist.

---

9 Z. B. Hirano, 1992

Beispiele für fehlervermeidende Auslegung sind:

- Farbcodierungen an Leitungen
- Tonfolgen bei richtiger oder falscher Verbindung
- Lichtpunkt markiert nächste Lötstelle (z. B. beim Löten von Platinen von Hand)
- Maschine liefert Fehlermeldung bei Bedienungsfehler
- Maschine schaltet ab bei fehlerhaftem Teil
- Verdoppelung der Signale (z. B. Maschine schaltet ab plus Lichtsignal)
- eindeutige Lagezuordnung von zu montierenden Teilen durch Design (z. B. Stecker am PC)

Fallbeispiel für die narrensichere Auslegung einer Kabelmontage:

> Als Aufgabenstellung ergibt sich bei einem Kfz-Zulieferer, dass ein vorgefertigter Kabelstrang aus 12 verschiedenen Kabeln mit jeweils unterschiedlichen Verbindungssteckern pro Kabel versehen werden muss.
>
> Zur Lösung des Problems wird eine Montagevorrichtung eingesetzt, in der der Mitarbeiter den Kabelstrang in eine eindeutig definierte Lage bringt. Die Montagevorrichtung hält immer nur eine Öffnung zur Montage von Verbindungssteckern frei. Diese können dem benachbarten Paternoster-Regal entnommen werden. Nach der Entnahme und Montage von Verbindungsstecker Nr. 1 an Kabel Nr. 1 öffnet die Montagevorrichtung das Kabelende Nr. 2. Gleichzeitig schaltet der Paternoster automatisch auf den Entnahmetrog für Stecker Nr. 2 etc. Das Nachfüllen des Paternoster-Regals erfolgt durch den Stapelfahrer, der das Nachfüllen nach dem Zeitpunkt und mit seinem Namenskürzel quittiert. Damit ist eine Prozedur zur Qualitätssicherung auch in den Nachschubablauf eingebaut.

Sich selbststeuernde Regelkreise

Mit diesem Ansatz werden die schnelle Erfassung von Soll-Ist-Abweichungen und die Durchführung zugehöriger Gegenmaßnahmen in einem abgegrenzten Bereich des Unternehmens angestrebt. Störungen in einer Montagegruppe werden also nicht erst an den Fertigungsleitstand gemeldet, der anschließend Gegenmaßnahmen veranlasst, sondern sofort vor Ort geregelt. Die Vorteile sind:

- schnelle Regelung von Störungen
- keine Überflutung vorgelagerter Stellen mit Informationen
- die Möglichkeit, ein Gruppendenken und einen Gruppenzusammenhalt aufzubauen

Durch Anordnung zum Beispiel von Montagearbeitsplätzen oder Fertigungsmaschinen in U-Form wird die Kommunikation und damit die Möglichkeit der Selbstregelung hinsichtlich Arbeitstempo, Arbeitsprobleme, Materialnachschub bei Gruppenarbeit erheblich erleichtert (Abbildung 91).

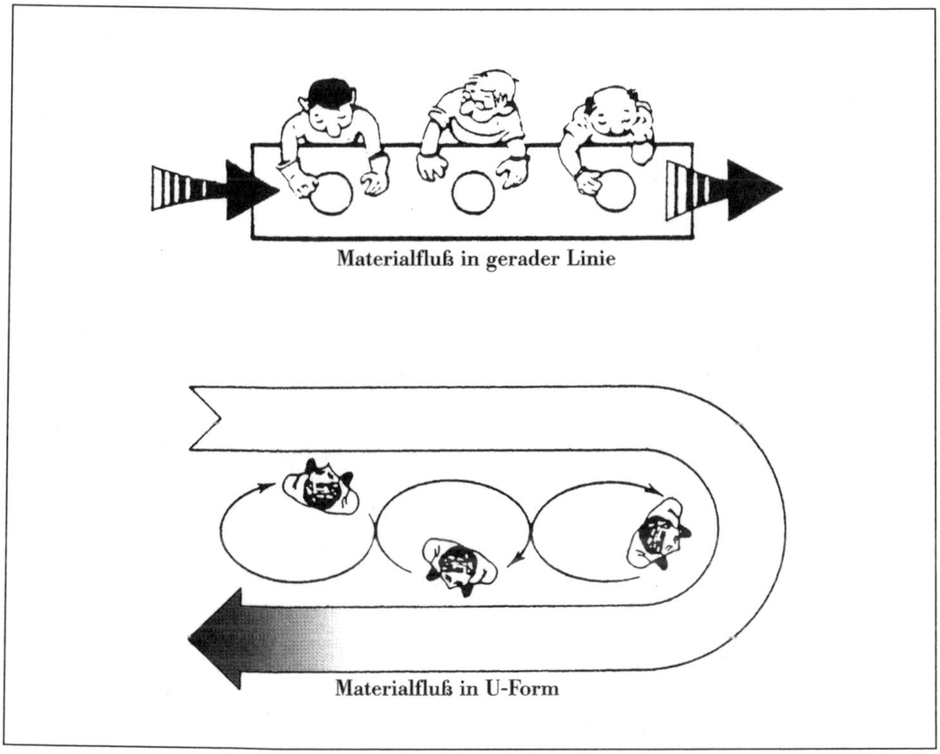

Quelle: Klepzig; Heinz-Jürgen; Meissner, Dirk: Märkte im Umbruch, München 1993
Abbildung 91: *Materialflussvarianten für Montagearbeitsplätze*

TPM[10] (Total Productive Maintenance)

TPM hat das Ziel, nicht-geplante Stillstände von Maschinen und maschinellen Einrichtungen zu reduzieren. Dies kann erreicht werden durch Instandhaltungsprävention, geplante Instandhaltungsprogramme und autonome Instandhaltung.

Autonome Instandhaltungsprogramme sind ebenfalls Teil eines Vor-Ort-Managements. Arbeiten wie Reinigung, Inspektion und einfache Instandhaltungsaufgaben werden durch die Maschinenbediener durchgeführt und ausdrücklich nicht

10 Vgl. z. B. McTighe, 1991

vollständig an die Instandhaltungsabteilung delegiert. Dadurch lernen die Mitarbeiter ihre Maschine und deren Problemstellen besser kennen, sodass Störungspotenziale schon früh erkannt werden können. Ungeplante Stillstände können damit reduziert werden. Komplizierte Instandhaltungsaufgaben verbleiben als Aufgabe für die Instandhaltungsabteilung.

Im letzten Abschnitt wurden einschlägige Maßnahmen zur Verringerung des Working-Capitals durch Gestaltung von Vorräten/Beständen und den relevanten Prozessen besprochen. Nachfolgend geht es um das Management von Forderungen.

5.2 Forderungen

Bei der Behandlung von Forderungen sind unternehmensindividuell die Ziele der Marketingstrategie einerseits und der Finanzstrategie andererseits abzuwägen. Wir wollen dies an Beispielen erläutern:

Wesentliches Ziel des Marketings ist, die Nachfrage im bearbeiteten Marktsegment kundengerecht und schnell zu bedienen. Hier sind alternative Gestaltungsmöglichkeiten unternehmensindividuell zu bewerten. Wichtige Stellhebel sind die gewählte Versorgungsstrategie und dabei insbesondere die verwendeten Distributionskanäle, die die Interessen des Finanzmanagements unmittelbar über die Höhe der Bestände, aber auch der Forderungen berühren.

Aus der Sicht des Forderungsmanagements sind speziell solche Gestaltungsmöglichkeiten wünschenswert, die es erlauben, den gesamten Distributionskanal wie z. B. beim Direktverkauf zu beherrschen: Informationen über Bedarfsveränderungen und das Kreditverhalten der Kunden fließen dem Unternehmen direkt zu und erlauben schnelle Reaktionen, was eine niedrige Working-Capital-Ausgestaltung erleichtert.

Auch die Festlegung der Zahlungskonditionen ist ein Marketinginstrument, das über das Forderungsmanagement mit den Interessen der Finanzstrategie konkurrieren kann: In konkurrenzintensiven überbesetzten Märkten werden den Kunden beim Kauf häufig lange Tilgungszeiten eingeräumt, was das Working-Capital des Verkäufers vergrößert.

Ideal dagegen ist für das verkaufende Unternehmen unter Working-Capital-Gesichtspunkten ganz einfach Folgendes: Vorkasse. Die Akzeptanz dieser Zahlungsform ist in der letzten Zeit gestiegen: Durch den Einkauf über Plattformen wie ebay, TV-Aktionen und ähnliche Marktplätze ist es für weite Bevölkerungsschichten heute nichts Besonderes, per Vorkasse zu bezahlen.

Die bisherigen Ausführungen über Marketing und Finanzierung sollen die Notwendigkeit einer längerfristigen *strategischen* Abstimmung der beiden Bereiche verdeutlichen, die sich in Richtlinien für die Ausgestaltung des kurzfristig orientierten Forderungsmanagements niederschlägt. Diese strategischen Fragen sollen hier nicht weiter behandelt werden.

Im Folgenden wollen wir vertiefend auf einige *operative* Gestaltungsalternativen des Forderungsmanagements eingehen, die Größe und Zusammensetzung des Working-Capitals unmittelbar beeinflussen.

Forderungseinzug/Systematik des Inkasso

Die Praxis zeigt, dass viele Unternehmen sehr großzügig beim Forderungsmanagement sind: Säumige Kunden werden häufig sehr schonend und erst mit Verzögerung auf ausstehende Zahlungen hingewiesen. In vielen Fällen will insbesondere die Verkaufsabteilung den Kunden nicht verprellen. Und wenn der Kunde clever ist, weiß er darum und nutzt seine Position aus!

Fallbeispiel:

Bei einem mittelständischen Anlagenbauer ergaben sich regelmäßig Liquiditätsengpässe, obwohl die Auftragslage gut und die Aufträge ausreichend kalkuliert waren. Die Gesellschafter wurden ebenso regelmäßig zur Kasse gebeten, um die Engpässe für jeweils mehrere Wochen auszugleichen. Bei der Überbrückung eines größeren Liquiditätsengpasses verlangten die Gesellschafter eine genauere Analyse der Liquiditätssituation. Die Analyse zeigte, dass nur wenige der überwiegend durchaus solventen Kunden vertragsgemäß pünktlich zahlten und der verantwortliche Vertrieb das Inkasso im Sinne einer guten Kommunikation zum Kunden lässig verfolgte.

Eine sehr simple Maßnahme verschaffte erhebliche Erleichterung: Mit einer händisch geführten Übersicht wurde über die Monate hinweg verfolgt, in welchem Monat für die einzelnen Aufträge An-, Zwischen- und Endzahlungen zu erfolgen haben. Ergänzend wurde aufgeführt, einerseits welche ausgabewirksamen Kosten pro Auftrag und andererseits welche sonstigen ausgabewirksamen Kosten für Verwaltung etc. in welchem Monat anfallen. Damit konnten in der Vorschau Liquiditätsschwächen geortet werden. Diese zugegeben recht grob gestrickte Vorgehensweise brachte gute Ergebnisse: Insbesondere wurde durch die Übersicht transparent, ob Kundenzahlungen pünktlich erfolgten. Dem Vertrieb wurde die Verantwortung übertragen, proaktiv vor dem Zahlungstermin, aber erst recht nach Fälligkeit tätig zu werden. Um die Bedeutung dieser Schritte für den Vertrieb spürbar zu machen, wurden Vertriebsprovisionen erst nach Zahlungseingang und nicht wie bisher im Monat des Vertragsabschlusses verrechnet. Dem Vertrieb wurde klar gemacht, dass seine Aufgabe nicht beim Schreiben von Aufträgen aufhört, sondern er die Forderungen bis zur Zahlung verfolgen muss.

Denn: Ein Unternehmen lebt nun mal vom Cash.

Weitere Maßnahmen waren:

- Einführung weniger standardisierter Zahlungsbedingungen mit Definition der zahlungsauslösenden Ereignisse
- Regelungen für Zahlungsverzug (z. B. Kreditkosten)
- Risikoanalyse vor Vertragsabschluss mit Klärung von:
  - Zahlungssicherheiten
  - Kreditlimits
  - Bonität
  - Forderungsausfallabsicherung
  - Projektrisiken
- \- Ursachenanalyse für überfällige Forderungen, wie z. B.:
  - (momentane) finanzielle Engpässe des Kunden
  - nachlässige Kunden
  - Mahnprofis, die gezielt versuchen, möglichst spät zu zahlen
  - Sonstiges wie lange Zahlungswege, Termin der Zahlungsläufe beim
  - Kunden, Mängel der eigenen Leistungserbringung, Nachvalutierung etc.
- Aufbau eines einfachen Incentive-Systems für den Vertrieb bei Reduzierung des Working-Capitals
- schnelle Rechnungsstellung incl. -zustellung
- Einführung eines systematischen Mahnwesens mit:
  - klar definierten Eskalationsstufen (Zahlungserinnerung, Mahnung etc.)
  - verkürzten Mahnzyklen
  - klaren Verantwortlichkeiten
- regelmäßiges Controlling/Berichtswesen der Liquiditätsübersicht und ihre Besprechung in den Geschäftsleitungssitzungen

Nach eigenen Erfahrungen weist das Forderungsmanagement bei vielen Unternehmen erhebliche Verbesserungsmöglichkeiten auf. Oft werden die Potenziale offensichtlich, wenn Factoring eingeführt wird.

Factoring

Beim Factoring erwirbt der Factor die Forderungen seines Factoring-Kunden gegen dessen Abnehmer und zieht sie ein. Dafür leistet er unmittelbar nach Übermittlung der Rechnungsdurchschrift einen Zahlungsvorschuss an den Factoring-Kunden. Dieser Vorschuss ergibt sich aus dem Nennbetrag der Forderungen abzüglich Gebühren, die die Bankgebühren sowie das Delcredererisiko abdecken. Letzteres berücksichtigt die Bonität des Kunden. Bei ungünstiger Bonität des Kunden kann vom Factor ein Sicherungseinbehalt (etwa 10 bis 20 Prozent des Nennbetrags) vorgenommen werden, der erst bei Zahlung seitens des Kunden an den Factoring-Kunden weitergegeben wird.

Durch die sofortige Zahlung des Factors an den Factoring-Kunden werden dessen Verbindlichkeiten und damit das Working-Capital reduziert.

Das Factoring ist ein Verfahren, das durchaus auch für den Mittelstand praktikabel ist. In der Praxis zeigt sich, dass nicht nur eine Kostenentlastung bei der Debitorenbuchhaltung eintritt, sondern auch der Forderungseinzug professioneller abläuft.

Asset-Backed Securities (ABS)

Bei Asset-Backed Securities werden von einem Pool von Unternehmen insbesondere Forderungen auf rechtlich selbständige Einzweckgesellschaften übertragen. Durch die Poolbildung können einerseits die Forderungen gebündelt und am Kapitalmarkt gehandelt, andererseits die Risiken gemittelt werden.

Auch für dieses Instrument gibt es praktizierte Einsatzbeispiele aus dem Bereich mittel-ständischer Unternehmen. Ähnlich dem Factoring führt die Übertragung der Forderungen bei entsprechenden Vereinbarungen zu einer Reduzierung des Working Capitals und damit zu einer Verbesserung von Liquidität und Kapitalstruktur.

Nach der Darstellung von einschlägigen Maßnahmen zur Verringerung des Working-Capitals durch das Management der Forderungen und der relevanten Prozesse geht es nachfolgend um das Management der Verbindlichkeiten.

5.3 Verbindlichkeiten

Verbindlichkeiten sind das Gegenstück von Forderungen. Die Politik der Verbindlichkeiten eines Unternehmens hängt daher stark von der Politik der Forderungen und damit der Kreditpolitik der Zulieferer ab.

Bei Verbindlichkeiten aus Lieferungen und Leistungen der Zulieferer geht man im Rahmen von Working-Capital-Betrachtungen in aller Regel davon aus, dass diese unverzinst zur Verfügung gestellt werden. Andernfalls ist in aller Regel der Lieferantenkredit günstiger als der Kredit eines Kreditinstituts, da der Zulieferer insbesondere durch seine Geschäftstätigkeit „näher am Kunden“ ist und dessen Kreditwürdigkeit besser einschätzen kann.

Zusammengefasst ist es also durchaus interessant für ein Unternehmen, mit Verbindlichkeiten gegenüber den Lieferanten zu arbeiten.

Wir empfehlen nun nicht, selbst zum Mahnprofi zu werden und den Lieferanten durch spätes Zahlen zu strapazieren, da sich dies schnell im Markt herumspricht, auf lange Sicht stark image- und geschäftsschädigend wirkt und schlicht und einfach auch einen Vertragsbruch darstellt. Darüber hinaus besteht die Gefahr, dass der Lieferant weitere Lieferungen nur noch gegen Vorkasse ausführt.

Akzeptabel ist jedoch, mit dem Lieferanten lange Zahlungsziele mit hohen Skonti als Standard zu vereinbaren. Entsprechende Erfolge der Einkäufer können durchaus mit einem Incentive-System unterstützt werden.

Weitere Ansätze, um eine vorzeitige Reduzierung der Verbindlichkeiten zu vermeiden, sind:

- keine vorzeitige Bezahlung der Lieferantenrechnung
- Einführung von Sammelrechnungen
- Reduzierung der Anzahl der Zahlungsläufe
- Umwandlung von Skonto-Vereinbarungen in Rabatt-Vereinbarungen
- keine Zahlung bei vorzeitiger Anlieferung
- sofortiger Zahlungsstopp bei reklamierten Lieferungen oder Rechnungen
- den Lieferanten erst bezahlen, wenn der Kunde gezahlt hat (Bsp.: Anlagengeschäft)
- regelmäßige Überprüfung der Zahlungsbedingungen

Als Memo sei wiederholt daran erinnert: Viele Unternehmen zahlen ihre Rechnungen schneller, als sie selbst bezahlt werden. Hier sollte man kritisch prüfen, ob dieses Vorgehen Vorteile für das Unternehmen bringt oder ob es geändert werden kann.

Die praktischen Gestaltungsmodelle zur Verringerung des Working-Capitals werden durch die nachfolgende Darstellung zum Management des Kassenbestands abgeschlossen.

5.4 Kassenbestand

Der Begriff Kassenbestand umfasst neben Bargeld die weiteren kurzfristig verfügbaren liquiden Mittel eines Unternehmens. Liquide Mittel sind Vermögenswerte. Es liegt Verschwendung vor, wenn sie nicht genutzt werden: nicht anders, als wenn eine Maschine erworben wurde, die nun nicht genutzt wird.

Die liquiden Mittel sollen fällige Zahlungen abdecken. Ein Zuviel an liquiden Mitteln beeinträchtigt die Rentabilität des Unternehmens, da die zugehörige Vermögensquelle bedient werden muss. Ein Zuwenig an liquiden Mitteln kann teuer werden, wenn kurzfristige Kredite aufgenommen werden müssen. Und es kann schnell zur Zahlungsunfähigkeit führen, wenn dies nicht möglich ist.

Zwischen dem Zuwenig und Zuviel gibt es einen Optimalkorridor an liquiden Mitteln, der insbesondere bestimmt wird durch den Bedarf an Liquidität, die Kapitalkosten für benötigte kurzfristige Kredite und Zinsverluste durch Überliquidität.

In der Praxis zeigt sich viel Nachholbedarf insbesondere bei mittelständischen und mittleren Unternehmen im Management dieser liquiden Mittel, was unter dem Begriff Cash-Management zusammengefasst wird.

Der Optimalkorridor muss abhängig von den anfallenden Kapitalkosten und Zinsverlusten unternehmensindividuell betrachtet werden. Verschiedene Kennzahlen und zugehörige Erfahrungswerte können bei der Liquiditätsbeurteilung eines Unternehmens als Indikatoren dienen. Folgende Liquiditätskennzahlen kommen häufig zum Einsatz:

$$\text{Liquidität 1. Grades (Cash Ratio)} = \frac{\text{Flüssige Mittel}}{\text{kurzfristige Verbindlichkeiten}} \text{ x } 100\,\%$$

Diese Kennzahl ist die konservativste der aufgeführten Liquiditätskennzahlen. Sie stellt die unmittelbar flüssigen Mittel den kurzfristigen Verbindlichkeiten gegenüber. Bei ungenügender Liquidität müssen Teile des Vorratsvermögens zur Begleichung der kurzfristigen Verbindlichkeiten herangezogen werden.

$$\text{Liquidität 2. Grades (Quick Ratio; Acid Test)} = \frac{\text{Flüssige Mittel + kurzfristige Forderungen}}{\text{kurzfristige Verbindlichkeiten}} \text{ x } 100\,\%$$

Die Liquidität 2. Grades sollte eine volle Deckung der kurzfristigen Verbindlichkeiten gewährleisten. Die Kennzahl sollte also bei 100 Prozent oder höher liegen.

$$\text{Liquidität 3. Grades (Current Ratio)} = \frac{\text{Umlaufvermögen}}{\text{kurzfristige Verbindlichkeiten}} \text{ x } 100\,\%$$

Die Liquidität 3. Grades hängt stark von der Branche ab: Die Kennzahl kann problemlos umso niedriger sein, je schneller das Umlaufvermögen verflüssigt werden kann.

Für Industrieunternehmen gilt als Faustregel:

Liquidität 3. Grades	< 100 : Existenzbedrohung!
	ca. 150 : noch ausreichende Situation!
	> 200 : gesundes Unternehmen!

Bei allen aufgeführten Kennzahlen ist zu beachten, dass sie Momentaufnahmen sind und den zeitlichen Ablauf z. B. von Cash-in und Cash-out nicht berücksichtigen. Dieser zeitliche Ablauf und damit die Entwicklung des Liquiditätsbedarfs und seiner Deckungsmöglichkeiten kann im Rahmen einer Liquiditätsplanung dargestellt werden.

Ziel der Liquiditätsplanung ist es, zukunftsorientiert einen Überblick über die Liquiditätssituation des Unternehmens in einem bestimmten Zeitraum (z. B. Quartal, Monat, Woche etc.) und anfallende Überschüsse oder Fehlbeträge zu erhalten. Dafür werden alle Zahlungseingänge und -ausgänge für diesen Zeitraum erfasst und saldiert. Das Schema dieser Vorgehensweise ist in Abbildung 92 dargestellt.

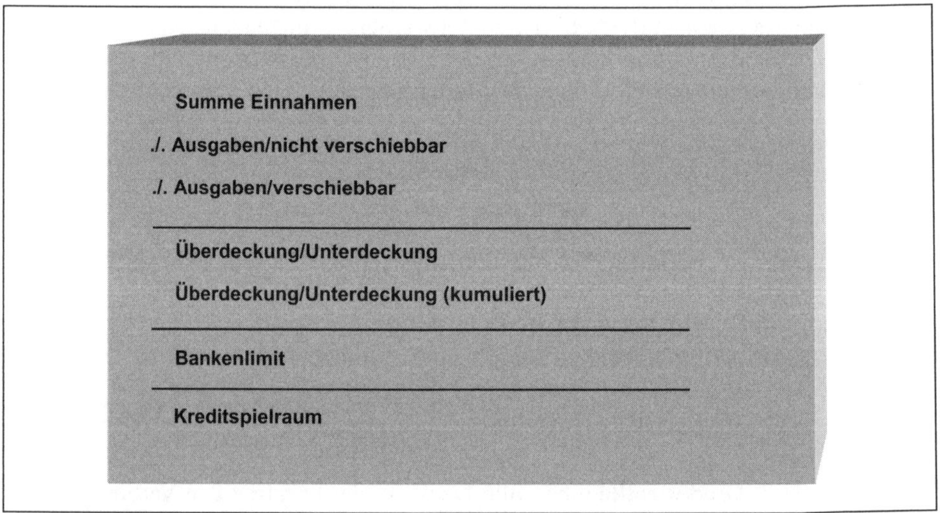

Abbildung 92: *Liquiditätsrechnung/Schema*

Nicht verschiebbare Ausgaben sind z. B. Abgaben, Steuern, Krankenkassen-Beiträge. Bekannterweise bestehen die jeweils relevanten Kreditoren penibel auf einer Einhaltung der Zahlungsverpflichtungen. Bei den verschiebbaren Ausgaben trifft man auf viel Erfindungsreichtum: Spätes Zahlen von Lieferantenrechnungen ist gängig; Gehaltszahlungen per Verrechnungsscheck und Übergabe des Schecks am Freitagnachmittag (Kreditinstitut geschlossen! Scheckeinreichung erst am Montag!) statt bisheriger Überweisung auf das Konto des Gehaltsempfängers zeugen von besonderer „Kreativität".

Zur Erfassung der momentanen Zahlungsfähigkeit wird aufgrund der Kontostände und der Daten aus der Finanzbuchhaltung ein täglicher Liquiditätsstatus erstellt.

Die Aufgabe der Disposition liquider Mittel ist es nun, aufbauend auf diesen Informationen aus dem Liquiditätsstatus und der Liquiditätsplanung Maßnahmen zur Deckung von Liquiditätsdefiziten und zur Anlage von Liquiditätsüberschüssen zu treffen. Bei angespannter Liquiditätslage wie z. B. im Krisenmanagement eines Unternehmens werden akurat Tag für Tag sowohl der Liquiditätsstatus als auch rollierend die Liquiditätsplanung für die nächsten Tage erarbeitet. Die Deckung von Liquiditätsdefiziten wird situationstypisch insbesondere durch Verschieben von Ausgaben geschehen müssen. Abbildung 93 zeigt ein Formular, das zur Liquiditätserfassung von Unternehmen in Krisensituationen eingesetzt wird und detailliert oder abgespeckt zur Situationsanalyse bei nicht-gefährdeten Unternehmen eingesetzt werden kann.

Nach dem Überblick über Gestaltungsmodelle zur Verringerung des Working-Capitals werden im Folgenden die Gestaltungsmöglichkeiten anhand von praktischen Beispielen veranschaulicht.

Lfd. Nr.	Zeitplan / Vorgänge	Monat ...			Monat ...			Monat ...		
		Soll	Ist	Abw.	Soll	Ist	Abw.	Soll	Ist	Abw.
1	2	3	4	5	6	7	8	9	10	11
1.	Umsatz / Netto inkl. Erlössch.									
2.	Umsatz / Netto ohne Erlössch.									
3.	Geldeingang aus Umsatz alt									
...										
10.	Sonstige Einnahmen / Kredit									
11.	Sonstige Einnahmen / MwSt-Rückvergütung									
12.	Sonstige Einnahmen									
13.	SUMME EINNAHMEN									
	AUSGABEN – nicht verschiebbar									
14.	Löhne (inkl. Aushilfe) und Gehälter									
15.	Sozialabgaben (inkl. freiw. Abg.)									
16.	Lohnsteuer / Steuer sonstige + Beiträge									
17.	Berufsgenossenschaft									
18.	Mehrwertsteuer Zahllast									
19.	Telefon / Porto / FS / Miete / Telefon									
20.	Energie (Strom, Öl, Gas, Wasser)									
21.	Versicherungen									
22.	Mieten / EDV / Leasing									
23.	Rückzahlung / Darlehen									
24.	Entnahmen									
25.	Akzepteinlösung / Schuldwechsel									
26.	Zinsen (langfristig und kurzfristig)									
27.	Diskontspesen (Lieferant und Kunde)									
28.	Dienstleistungen									
29.	Rep./Inst. (Masch. + Geb. + Werkz.)									
30.	Bewirtungs- /Reisekosten									
31.	Kfz-Kosten inkl. Stapler									
32.	Nebenkosten des Geldverkehrs									
33.	Sonstige Sofortausgaben									
34.	...									
42.	SUMME / AUSGABEN nicht verschiebbar									
	AUSGABEN – verschiebbar									
43.	Lieferantenrechnungen > 30 Tage									
44.	Lieferantenre. / außerdem fällig									
45.	Verschiebung (vgl. Zeile 49)									
46.	SUMME Lieferantenzahlungen									
47.	GESAMTAUSGABEN 42 + 46									
48.	ÜBERDECKUNG (Saldo 13-47)									
49.	UNTERDECKUNG									
50.	KUMULIERT									
51.	INVESTITIONSAUSGABEN									

Abbildung 93: *Finanz- und Liquiditätsplanung*

6. Projektkonzepte zur Working-Capital-Analyse und -Verbesserung

In Kapitel 4.1 wurde bereits der Sechs-Schritte-Fahrplan zum Working-Capital-Management vorgestellt. Er stellt die Oberfläche zur Verbesserung der Working-Capital-Performance im Rahmen eines Projektes dar. Anhand eines Fallbeispiels wird der Fahrplan ergänzend erläutert.

Mit weiteren Fallbeispielen für:

- Beständemanagement,
- Auftragsabwicklung,
- Beschaffungsmanagement

werden anschließend Praxisfälle für die drei Kernprozesse des Working-Capital-Managements beschrieben.

6.1 Projektkonzept zum Working-Capital-Management

In einem mittleren Unternehmen der Kfz-Zulieferindustrie mit zahlreichen Betriebsstätten im In- und Ausland sollte ein Projekt zur Verbesserung der Gesamt-Working-Capital-Performance durchgeführt werden.

Um den Erfolg des Gesamtprojektes nicht unnötig zu gefährden, erschien es förderlich, nicht flächendeckend in allen Betriebsstätten gleichzeitig zu beginnen, sondern eine Betriebsstätte als Pilot festzulegen. Ausdrückliches Ziel bei der Auswahl der Betriebsstätte war, dass das Pilotprojekt dort zu einem vollen Erfolg führt. Dies sollte als Baustein eines Projektmarketings auch andere zögerliche Betriebsleiter vom Wert des Projektes überzeugen. Schlechte Projektergebnisse sind schließlich schlecht zu verkaufen: Im Gegenteil liefern sie Argumente, das Gesamtprojekt als unnötige Beschäftigungstherapie zu brandmarken. Wesentliche Auswahlkriterien für die Pilot-Betriebsstätte waren daher:

- proaktiv eingestellter durchsetzungsfähiger Betriebsleiter mit guter Mannschaft,
- Betriebsstätte ohne Auftrags- und Projektüberlast, also mit hinreichendem Freiraum für das anstehende Projekt,
- absehbar überzeugendes Verbesserungspotenzial zum Working-Capital in der Betriebsstätte.

Das Gesamtprojekt wurde daher zunächst in zwei Phasen vorwärtsgetrieben:

- der Projektvorbereitung
- dem Pilotprojekt in der ausgewählten Betriebsstätte

Die Projektvorbereitung wurde von einem Lenkungskreis durchgeführt, der sich aus dem verantwortlichen Gesamt-Projektleiter, einigen Mitgliedern der Geschäftsleitung incl. Controlling sowie externen Spezialisten zusammensetzte.

Ziel der Lenkungskreisarbeiten im Rahmen der Projektvorbereitung war, die Kick-off-Veranstaltung in der Pilot-Betriebsstätte auszugestalten. Input und Output sowie Zeitbedarf für die Schritte „Kick-off" des Gesamtprojektes und „Vorbereitung Pilotprojekt" sind in Abbildung 94 dargestellt.

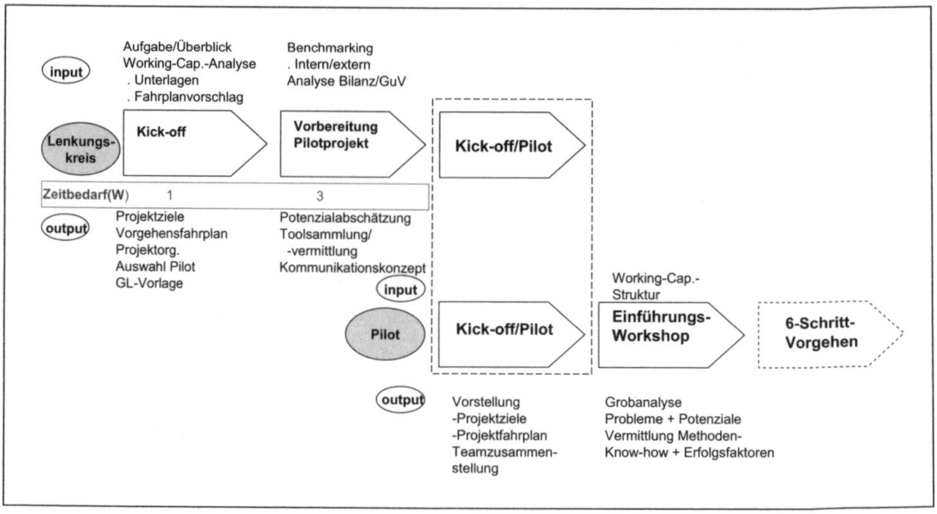

Abbildung 94: *Projektvorbereitung*

Diese Schritte lieferten die Basis für das Kick-off des Pilotprojektes in der ausgewählten Betriebsstätte, in der nach einem Einführungsworkshop der Sechs-Schritte-Fahrplan zum Working-Capital-Management durchgeführt wurde. In Abbildung 95 sind für die einzelnen Schritte wiederum Input und Output, zum Einsatz kommende Tools sowie der Zeitbedarf aufgeführt.

Entsprechend den Erfahrungen aus dem Pilotbetrieb konnte das Vorgehen für die weiteren Untersuchungen anderer Betriebsstätten in Details modifiziert werden.

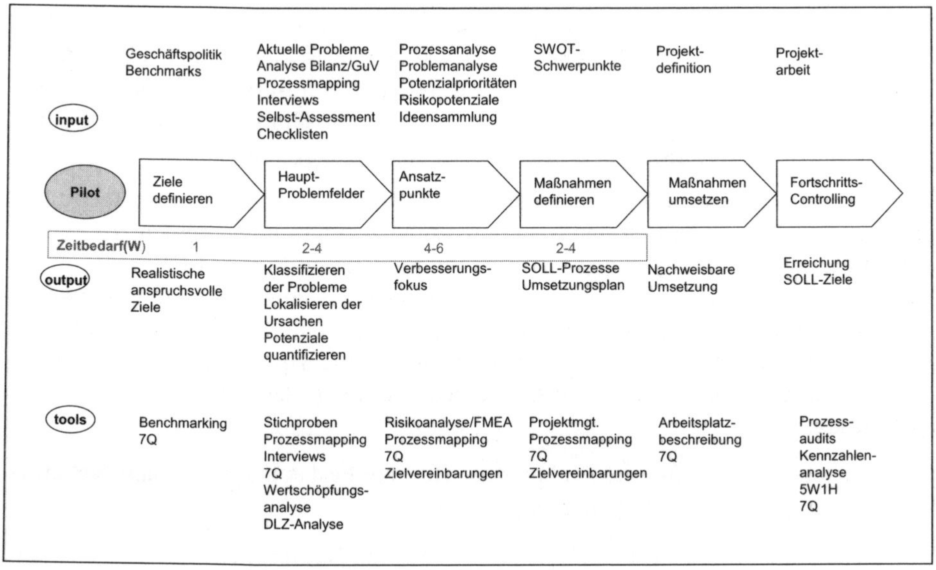

***Abbildung 95:** Projektfahrplan*

6.2 Fallbeispiel Beständemanagement

Bei einem mittleren Kfz-Zulieferer, der zwei separate Produktgruppen herstellt, wurden Verbesserungspotenziale im Beständemanagement gesucht, um die Bilanzstruktur zu verbessern.

Analyse

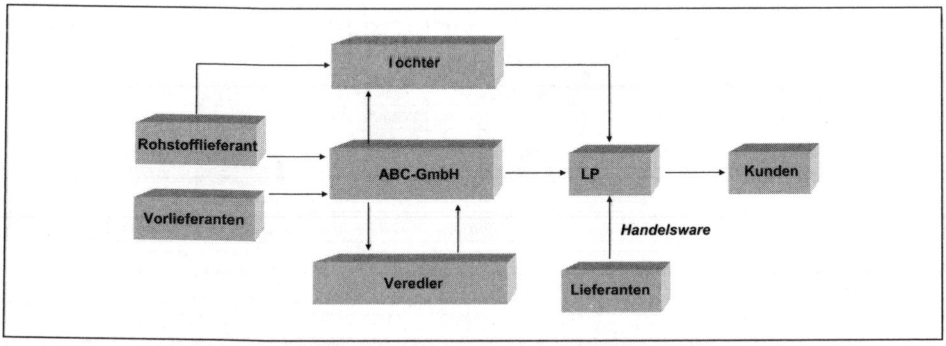

***Abbildung 96:** Wertschöpfungspartner/Übersicht*

Bei der Analyse der Wertschöpfungspartner (Abbildung 96) zeigte sich, dass neben sechs mittelständischen Unternehmen rund 40 Kleinst-Unternehmen als Veredler zum Einsatz kamen. Letztere wurden zum Teil mit Mini-Losen („Waschkörben") beschäftigt. Die Auslieferung des Unternehmens ABC-GmbH erfolgte über einen Logistikprovider (LP), der die Aufträge in seinem Lager kommissionierte.

Die Analyse der Verantwortungsbereiche machte deutlich, dass für wesentliche Bereiche eine Prozess- und Bestandsverantwortung nicht wahrgenommen bzw. nicht abgefordert wurde. Dies galt insbesondere für die Work-in-Progress-(WIP)-Bestände bei den Veredlern, der Produktion sowie der Tochter. Visualisiert sind die Ergebnisse in Form einer Landkarte in Abbildung 97 dargestellt. Weiterhin wurde deutlich, dass auch eine zentrale Prozess-/Bestandsverantwortung nicht praktiziert wurde. Die in der Landkarte eingezeichneten Blitze zeigen Probleme der Prozess-/Bestandsverantwortung.

In der gleichen Landkarte wurden bestandsrelevante Feststellungen visualisiert kritischen Stellen zugeordnet und eingetragen, z. B. zu:

- verwendeten Durchlauf- und Bestands-Controlling-Kennzahlen
  (In welchem Bereich fehlen solche Kennzahlen? Wo gibt es „Ausreißer"?)
- massiven bestands- und kostengenerierenden Prozessstörungen
  (Wie viel Teillieferungen, Sonderfahrten, Überlieferungen, Rückstände etc. erfolgen wo? Basis: Stichprobe über mehrere Wochen)
- Reichweiten für Bestände und WIP
  (Die Werte sollten einen geschäftstypischen Zeitpunkt widerspiegeln!)

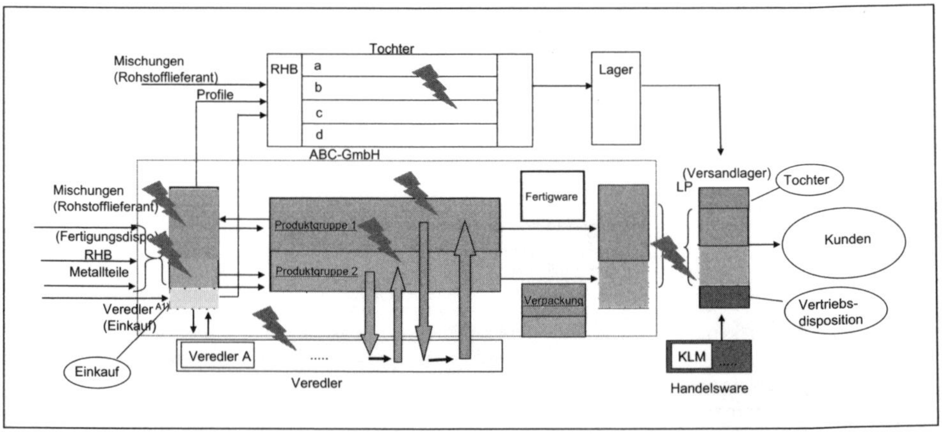

Abbildung 97: *Verantwortungsbereiche/Übersicht*

Diagnose

Die Analyse der Kundenauftragsabwicklung zeigte einige Ursachen der bestandsrelevanten Schwächen auf (Abbildung 98):

- Die Kunden konnten ihre Bestellungen per DFÜ eingeben und ändern. Da kein Änderungsfilter eingebaut war, konnten Kunden tatsächlich auslieferbereite Ware von heute auf morgen stornieren und damit Überbestände beim Lieferanten generieren.
- Insbesondere bei den Veredlern und dem Tochter-Unternehmen ging man bei den Lieferterminen von Durchschnittszahlen aus. Die tatsächliche Auslastung dieser Lieferanten und damit mögliche Lieferengpässe waren nicht bekannt.
- Da eine regelmäßige Erfassung des Auftragsfortschritts unterblieb, fand eine Überprüfung der Lieferfähigkeit erst mit Erstellung der Kommissionierliste etwa zwei Wochen vor dem Liefertermin statt. Überbestände einerseits, Rückstände und Eilaufträge andererseits waren damit vorprogrammiert.

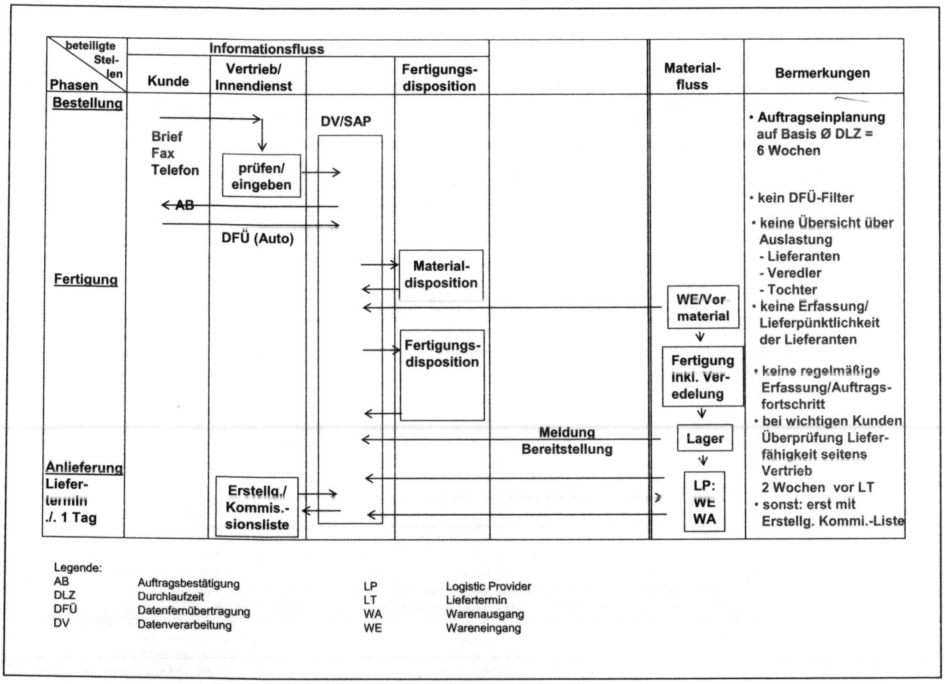

Abbildung 98: *Auftragsabwicklung/Prinzipskizze*

Die wesentlichen Bestandstreiber sind in Abbildung 99 zusammengetragen.

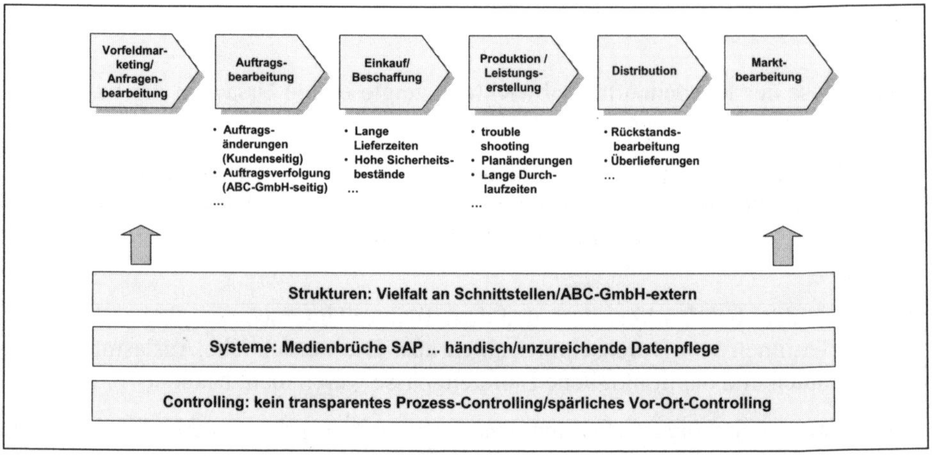

Abbildung 99: *Bestandstreiber*

Maßnahmen

Die Ansatzpunkte zur Verbesserung der vorgefundenen Situation wurden nach ihrer Dringlichkeit und Fristigkeit in die Kategorien „Absichern", „Konsolidieren" und „Ausbauen" eingeordnet (Abbildung 100). Tendenziell ging es zunächst darum, dringend die Kundentermine zu sichern, um danach erst zu einer Beherrschung der Prozesse und damit einer Reduzierung der Bestände zu gelangen.

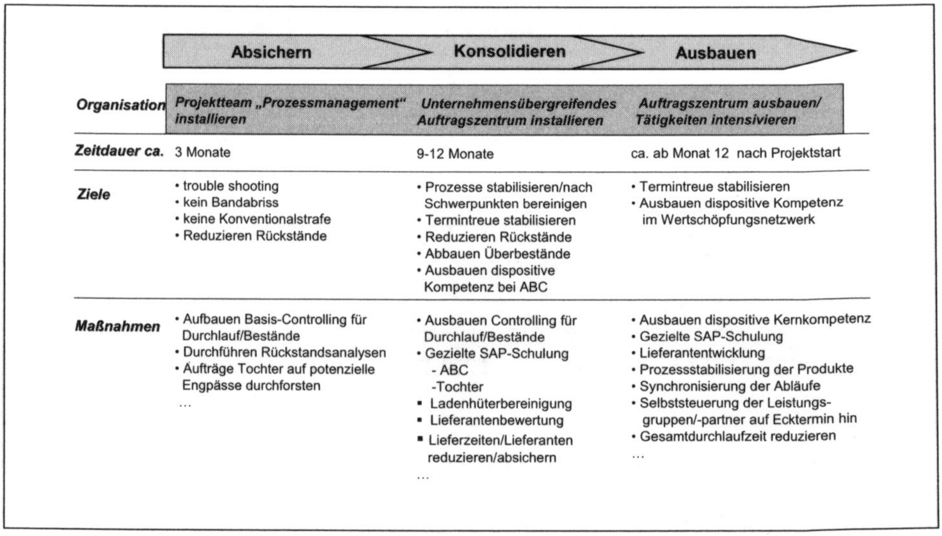

Abbildung 100: *Maßnahmenprogramm*

6.3 Fallbeispiel Auftragsabwicklung

Ein Hersteller von Industrieausrüstungen hatte bei gutem Auftragsbestand erhebliche Lieferschwierigkeiten. Lieferterminüberschreitungen, Teil-Lieferungen und Teil-Montagen vor Ort waren an der Tagesordnung. Im Betrieb häuften sich Material und angearbeitete Aufträge. Zugleich wurde die Liquiditätssituation immer kritischer: Die Forderungen nahmen zu, die Kunden zahlten jedoch sehr schleppend. Die Probleme schienen trotz saisonbedingter leichter Rückgänge im Auftragseingang sogar noch zuzunehmen.

Analyse

Neben weiteren Untersuchungen wurde eine Durchlaufzeitanalyse (vgl. Abbildung 72) durchgeführt. Für die einzelnen eingehenden Aufträge, die nähererungsweise jeweils als ähnlich arbeitsaufwendig angesetzt werden konnten, wurden die folgenden Zeitdaten erhoben:

- Auftragseingang
- Eingang und Fertigstellung der Aufträge in den einzelnen beteiligten Abteilungen
- Auslieferung (Teil- oder Gesamtlieferung)
- Montagebeginn und Abschluss sowie Übergabe
- Rechnungsstellung und Zahlungseingang

Für jeden neuen Auftrag wurden die Zeitdaten in ein Durchlaufzeitdiagramm eingetragen. Auch aufgrund des Vergleichs mit noch vorhandenen Vergangenenheitswerten konnten folgende Tendenzen festgestellt werden:

- Die Gesamtdurchlaufzeit der Aufträge wird länger.
- Im Auftragsdurchlauf werden schon in der Konstruktion zunehmende Durchlaufzeiten erkennbar.
- Der Umfang an Teilauslieferungen und Teilmontagen nimmt zu.
- Die Anzahl an Reklamationen nimmt zu.
- Die Kundenforderungen werden immer höher, da der Kunde auf Rechnungen bei nicht vereinbarten Teillieferungen nicht reagiert.

Diagnose

In der Konstruktionsabteilung des Unternehmens waren mit der Einführung von CAD eine Umstrukturierung und Aufgabenneuverteilung durchgeführt worden. Darüber hinaus wurden häufig verwendete Standardteile in das CAD-System eingegeben. Resultat war, dass die eingehenden Aufträge wegen Überlastung des Personals schleppend bearbeitet wurden. Da die Mitarbeiter der Konstruktionsabteilung schon wochenlang regelmäßig Überstunden leisteten, ließen Motivation und Leistung allmählich nach. Die nachfolgenden Abteilungen bearbeiteten um ausgelastet zu sein alle hinreichend von der Konstruktion abgeklärten Teilaufträge, ohne sich um eine systematische Auftragszuordnung zu kümmern. In Betrieb häuften sich angearbeitete Aufträge. Viele Aufträge wurden als Teillieferung und nicht wie mit dem Kunden vereinbart als Komplettlieferung versandt.

Maßnahmen

Durch Zeitarbeitskräfte wurde die Konstruktionsabteilung insbesondere bei CAD-Routineaufgaben massiv entlastet.

Das Durchlaufzeitdiagramm wurde weiterhin erstellt, um den Erfolg der Maßnahmen zu verfolgen und um rechtzeitig erkennen und verhindern zu können, dass die Auflösung des Auftragsstaus in der Konstruktionsabteilung zu nicht beherrschbarer Überlast in den nachfolgenden Abteilungen führt.

6.4 Fallbeispiel Beschaffungsmanagement

Der Material-, Informations- und Geldfluss zwischen einem Tier-1- und Tier-2-Lieferanten der Kfz-Zulieferindustrie sollte vereinfacht werden. Ziele waren insbesondere, die Bestände und Sicherheitsbestände zu reduzieren sowie die Prozesse für beide Seiten transparenter zu machen.

Die Unternehmen entschieden sich für die Einrichtung eines SMI-Lagers (Supplier Managed Inventory) auf dem Gelände des Tier-1-Lieferanten.[11]

Die Aufgabenverteilung für das Lager ist in Abbildung 101 aufgeführt.

---

11 Quelle: Jacobs, 2007

Merkmale	SMI
Eigentümer/ Bestände	L2
Lagerstandort	L1
Einlagerung durch	L1
Entnahme/ Auslagerung durch	L1
Lagerverantwortung	L1
Buchungen	L1 + L2
Materialdisposition	L2

Legende:
A: Abnehmer OEM
hier: Kfz-Hersteller
L1: Lieferant Tier-1
L2: Lieferant Tier-2

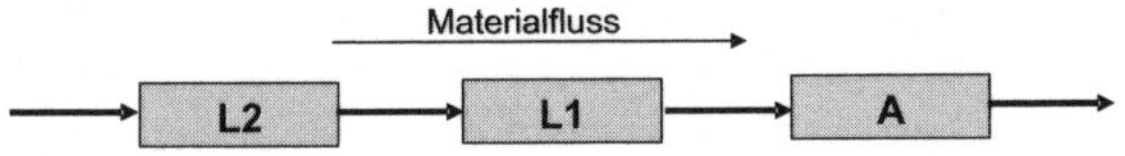

Abbildung 101: *Aufgabenverteilung SMI-Lager*

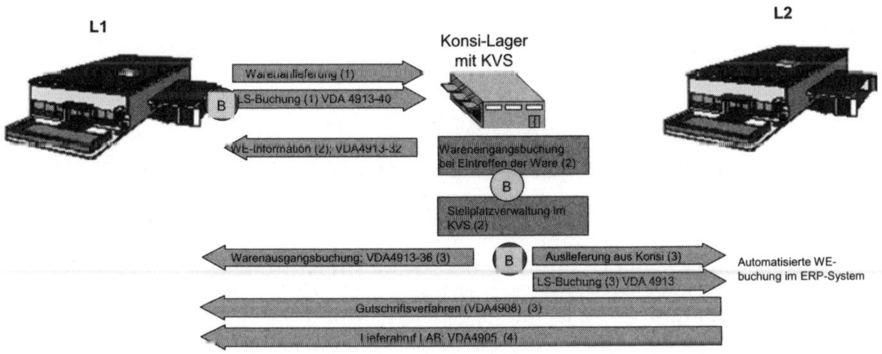

(1): Warenanlieferung durch den Lieferanten und Buchung im Konsignationslager-Verwaltungssystem (KVS) durch den Lieferanten (als VDA oder WEB)
(2): Wareneingangs-(WE)-Buchung durch L1 im KVS; Information ist von Lieferant aus KVS abrufbar bzw kann als VDA-Messages übertragen werden. Gleichzeitig werden die Teile über das KVS stellplatzbezogen verwaltet
(3): Ausfassen aus dem Konsignationslager wird im KVS gebucht. Dadurch werden 2 Messages zur automatisierten Verbuchung erzeugt. Bei L1 stellt sich der WE wie ein herkömmlicher WE dar, da alle anderen notwendigen Funktionalitäten im KVS abgebildet werden. Aus dem Materialwirtschaftssystem wird automatisiert eine Gutschrift über die entnommene Menge erstellt.
(4): L1 stellt dem Lieferanten die Bedarfszahlen in Abhängigkeit der OEM-Kundendaten zur Verfügung. Die Bedarfszahlen berücksichtigen die Bestände des Konsignationslagers nicht.

(B) = Buchungsvorgang

Quelle: Jacobs, Stefan: Pragmatisches Verbinden ..., Abstatt 2007
Abbildung 102: *Abwicklung Konsignationslager (Datenfluss)*

Der Datenfluss zwischen beiden Unternehmen ist in Abbildung 102 skizziert. In der Abbildung sind die im deutschen Kfz-Bereich branchenüblichen Protokolle für Datenaustausch gemäß VDA (Verband der Automobilindustrie) zitiert. Andere Protokolle ergeben sich z. B. nach ODETTE.

Kernpunkte der gewählten Lösung sind:

- Es wird der „echte“ Bedarf über LAB an den Lieferanten gemeldet. Dispositionsparameter oder Lagerbestände werden nicht berücksichtigt.
- Über tägliche Bedarfsmeldungen an den Lieferanten kann dieser schneller reagieren und mit dem Kunden „mitatmen“.
- Die Bestände im SMI-geführten Lager sind nicht fix, sondern werden über Reichweitenbetrachtungen optimiert.
- Die angelieferten Teile werden stellplatzbezogen „in separaten Büchern eindeutig identifizierbar“ gebucht. Die wirtschaftliche Verfügungsgewalt liegt damit beim L2, der also auch als Konsignant Eigentümer der gelagerten Ware ist.

Als Vorteile der Ausgestaltung ergaben sich:

- Auslieferung aus SMI-Lager erst kurz vor Verbrauch und damit geringe Bestände und später Cash-out für den Tier-1-Lieferanten
- Verbesserung der Produktionsstättenversorgung durch Lager vor Ort
- Entfall der Rechnungserfassung
- Entfall der Rechnungsprüfung
- automatisierter und durchgängiger Prozess der Abwicklung
- Reklamationsbearbeitung über Zahlungsanpassung
- gemeinsame Datensicht von L1 und L2 auf Bestände
- Ampelfunktion bei Unterschreitung der Mindestreichweite

Die aufgeführten Fallbeispiele bestätigen unsere Grundthese:

> Working-Capital-Optimierung erfordert die gezielte Verbesserung der zugrunde liegenden Prozesse.
>
> Working-Capital-Optimierung ist nur durch detaillierte Prozessgestaltung möglich.

Wir fassen nachfolgend Leitlinien für die Optimierung zusammen.

7. Leitlinien

Das ökonomische Umfeld und die regulatorischen Umfeldfaktoren eines Unternehmens sind heute einem raschen Wandel unterworfen. Zunehmender Wettbewerbsdruck auf der Anbieterseite, steigende Ressourcenkosten sowie verschiedenste Verschiebungen auf der Nachfragerseite beeinflussen das unternehmerische Kosten- und Risikoprofil und damit die Refinanzierungsstruktur eines Unternehmens.

Gesetzliche Regelungen, wie sie sich z. B. aus dem international gültigen Basel II-Abkommen für Kreditinstitute ergeben, haben über das Rating von Unternehmen durch das Bonitätsspread unmittelbare Auswirkung auf die Konditionen bei externer Kreditfinanzierung.

In dieser bewegten Umgebung ist es für das Unternehmen überlebenswichtig, dass ein Hauptaugenmerk auf die finanzielle Unternehmenssicherung gelegt wird: Ob Gründung, Expansion oder Rezession – in allen Lebensphasen eines Unternehmens wird es zunehmend bedeutsamer, Liquiditätsengpässe zu vermeiden, die Rendite zu steigern und finanzielle Risiken zu steuern. Dies sind Aufgaben eines integrierenden Finanzmanagements, das immer mehr zum Erfolgsfaktor der Unternehmenssicherung wird. „All that counts is money“, ist kein lockerer betriebswirtschaftlicher Slogan, sondern für das Unternehmen Realität.

Bei der Entscheidung über Eigen- oder Fremdfinanzierung hat die Finanzierung aus eigener Kraft den Vorteil, dass in aller Regel die Freiheitsgrade zur Ausgestaltung des Unternehmens größer sind. Wesentlicher Ansatzpunkt zur Finanzierung aus eigener Kraft ist die Reduzierung des Working-Capitals. Dies führt nicht nur zu einer hochwillkommenen Verbesserung der Liquidität, sondern steigert auch die Kapitalrentabilität. Nicht zuletzt eröffnen sich auch aufgrund einer günstigeren Bilanzstruktur die Möglichkeiten einer ergänzenden Fremdfinanzierung.

Diese Vorteile eines gezielten Working-Capital-Managmements sind keine neue Erkenntnis. Allerdings waren bisherige Betrachtungen der unternehmerischen Performance stark auf Umsatz und Umsatzrendite fokusiert. Insbesondere erst durch die Auswirkungen von Basel II werden die Potenziale eines gezielten Working-Capital-Managements verstärkt wahrgenommen. Allerdings gibt es selbst heute nur wenige Unternehmen, die ein professionelles Working-Capital-Management betreiben.

Wesentliche Ursache dafür ist insbesondere, dass die Beeinflussung des Working-Capitals durch drei Kernprozesse erfolgt und die verantwortlichen Prozesseigner einerseits und das Finanzmanagement andererseits in der Praxis noch zu selten die gleiche Sprache und integrierende Denkweise aufweisen. Pointiert formuliert hat das Working-Capital die Kernprozesseigner bisher wenig gekümmert: die Hauptsache war, dass die Prozesse „liefen“. Und das Finanzmanagement hat die resultierenden Zahlen interpretiert, warnend den Finger gehoben und ist selten in die Details der Prozesse und ihrer Gestaltung eingestiegen.

Working-Capital ist das direkte Ergebnis des praktizierten Prozessmanagements im Unternehmen. Ein professionelles Working-Capital-Management erfordert also die entschlossene Zusammenarbeit der beteiligten Kernprozesseigner sowie des Finanzmanagements.

Voraussetzungen für ein abteilungsübergreifendes Working-Capital-Projekt sind der dezidierte Wille der Unternehmensspitze und die volle Unterstützung und Rückendeckung bei Zielsetzung und Durchführung.

Wesentliche Leitlinien für ein Projekt zum Working-Capital-Management sind:

- Volle Unterstützung durch die Geschäftsleitung!
  (Bei abteilungsübergreifenden Veränderungen braucht man Rückendeckung)
- Potenziale des Working-Capital-Managements kommunizieren!
  (Nur durch Aufmerksamkeit/Projektmarketing bleibt ein Projekt am Leben!)
- Prozess-Know-how verbessern:
  (Das Prozess-Handwerk verstehen. Den Werkzeugkasten beherrschen.)
- Hebel zur Reduktion des Working-Capitals identifizieren!
  (Jede Geschäftsart/jedes Unternehmen hat spezifische Hebel.)
- Benchmarking durchführen zur Eigenpositionierung!
  (Maßstäbe setzen. Potenziale aufzeigen.)
- Working-Capital gesamthaft steuern!
  (Keine Insellösungen. Kein Kunden-/Lieferanten-strapazierendes Sparen.)
- Konsequentes Projektmanagement bei der Umsetzung betreiben!
  (Ein Working_Capital-Projekt ist kein Hau-Ruck-Geschäft.
  Ausdauer ist gefragt: Projektdauer etwa zwei Jahre.)

Man könnte annehmen, dass die Working-Capital-Anteile am Gesamtvermögen eines Unternehmens insbesondere bei Industrieunternehmen innerhalb der letzten Jahre durch das JiT-Denken und die vielen zugehörigen Projekte erheblich verbessert worden sind. Aus den Bilanzen der deutschen Kfz-Hersteller, die insbesondere das JiT-Denken propagiert und forciert betrieben haben, sind jedoch einschlägige Verbesserungen nicht herauszulesen.

Auf mögliche Potenziale bei Kfz-Herstellern hat Neumann[12] bereits 1996 in seiner ausführlichen Studie hingewiesen: Die japanischen Kfz-Hersteller haben in Relation zur Bilanzsumme weitaus geringere Working-Capital-Anteile! Dieser spezielle Fokus von Lean-Management ist nach unserer Einschätzung bislang viel zu wenig gewürdigt worden: Unsere Erfahrungen generell zeigen, dass bei den meisten uns bekannten Unternehmen noch erhebliche Verbesserungsmöglichkeiten durch gezieltes Working-Capital-Management vorliegen!

---

12 Neumann, 1996

Doch diese Aussage gilt nicht nur für Unternehmen, sondern auch für Zulieferer- oder Unternehmensnetzwerke: Es ist eine Binsenweisheit, dass ein Produkt nur so gut ist wie die involvierte Supply Chain. Das gilt auch für die Kapitalbindung entlang der gesamten Supply Chain: Man kann eine Supply Chain hinsichtlich der Kapitalbindung diszipliniert-schlank („lean“) oder ungeregelt-füllig ausgestalten. Die Resultate zeigen sich in der Performance der beteiligten Unternehmen und schließlich in den Kosten des Produktes.

Viele der derzeit laufenden oder schon abgeschlossenen Kostensenkungsprojekte zeigen für die Supply Chain – je nach Machtverhältnissen in der Kette –, dass die Optimierungen häufig Insellösungen sind zulasten von Zulieferanten oder Kunden.

Hier liegen also in der unternehmensübergreifenden Ausgestaltung der Supply Chain nach unseren Erfahrungen ebenfalls noch erhebliche Verbesserungsmöglichkeiten durch gezieltes Working-Capital-Management vor!

Wir haben in unseren Ausführungen gemäß unserer Erfahrung Verbesserungsmöglichkeiten beim Working-Capital- und Cash-Management herausgearbeitet. Wir schließen mit der Aufforderung, diese Potenziale engagiert auszuschöpfen.

Unsere Argumentation in der Kurzfassung:

> „Inventory is necessary in the absence of processmanagement!“, heißt es in der amerikanischen Literatur.
>
> Dies ist ein Plädoyer für gutes Prozessmanagement im Unternehmen und im übergreifenden Unternehmensnetzwerk, um Bestände jeder Art zu reduzieren.
>
> Allerdings ist gezieltes Verändern durch aktives Gestalten notwendig:
>
> „Die Zukunft kommt von selbst. Der Fortschritt nicht!“, heißt es.
>
> Und warum das Ganze?
>
> „Geld ist geprägte Freiheit!“, sagt Dostojewski.
>
> Professionelles Working-Capital-Management setzt Cash frei und liefert damit einen wesentlichen Baustein für die unternehmerische Entscheidungsfreiheit und zur Sicherung der unternehmerischen Existenz.

Abkürzungsverzeichnis

ABS	Asset-Backed Securities
DFÜ	Datenfernübertragung
DIO	Days Inventory Outstanding
DPO	Days Payables Outstanding
DSO	Days Sales Outstanding
EBIT	Earnings Before Interest and Taxes
EDI	Electronic Data Interchange
GuV	Gewinn- und Verlustrechnung
IAS	International Accounting Standards
IFRS	International Financial Reporting Standards
JiS	Just-in-Sequence
JiT	Just-in-Time
MRP1	Material Requirements Planning
NOPAT	Net Operating Profit After Taxes
ODETTE	Organization for Data exchange by Tele Transmission in Europe
OEM	Original Equipment Manufacturer
SMI	Supplier Managed Inventory
SOX	Sarbanes-Oxley Act of 2002
US-GAAP	United States Generally Accepted Accounting Principles
VDA	Verband der Automobilindustrie, Deutschland
VMI	Vendor Managed Inventory
WIP	Work In Progress

Literaturverzeichnis

ACTIS: Flexible Fertigungsorganisation, Stuttgart, o. J.

BHAMBRA, A.S.: Encyclopaedia of Working Capital Management, New Delhi 2000

BHATTACHARYA, HRISHIKES: Working Capital Management, New Delhi 2004

BUNDESVEREINIGUNG LOGISTIK (HRSG.): Finanzierung – eine neue Dimension der Logistik, Berlin 2003

COENENBERG, ADOLF G.; SALFELD, RAINER: Wertorientierte Unternehmensführung, Stuttgart 2003

DETTMER, H. WILLIAM: Breaking the Constraints to World-Class Performance, Milwaukee 1998

GENERAL MOTORS EUROPE: Diskussionspapier, o. J.

GOLDRATT, ELIYAHU M.; COX, JEFF: Das Ziel, 3. Aufl., Frankfurt am Main 2002

HIRANO, HIROYUKI: Poka-yoke – Verbesserung der Qualität durch Vermeiden von Fehlern, Landsberg 1992

HIRANO, HIROYUKI: Putting 5S to Work, Tokyo 1993

HYPOVEREINSBANK: Branchen- und Benchmarkanalyse für den Mittelstand, München Juni 2007

JACOBS, STEFAN: Pragmatisches Verbinden externer und interner Logistikströme unter Beachtung von Waren- und Informationsfluss; Vortrag auf BVL-Kongress, Abstatt 2007 und persönliche Informationen

JONES, DAN; WOMACK, JIM: Seeing the Whole, Brookline/MA, 2003

KLEPZIG, HEINZ-JÜRGEN; MEISSNER, DIRK: Erfolgsfaktor Personalmanagement. Führungshandbuch der Bayerischen Hypotheken- und Wechselbank, München 1991

KLEPZIG, HEINZ-JÜRGEN; MEISSNER, DIRK: Mit dem Kunden zum Erfolg. Führungshandbuch der Bayerischen Hypotheken- und Wechselbank, München 1992

KLEPZIG, HEINZ-JÜRGEN; MEISSNER, DIRK: Märkte im Umbruch, Strukturen im Wandel. Führungshandbuch der Bayerischen Hypotheken- und Wechselbank, München 1993

KLEPZIG, HEINZ-JÜRGEN; MEISSNER, DIRK: Initiativen für neue Wettbewerbstärken. Führungshandbuch der Bayerischen Hypotheken- und Wechselbank, München 1997

KLEPZIG, HEINZ-JÜRGEN; SCHMIDT, KLAUS-J.: Prozessmanagement mit System: Unternehmensabläufe konsequent optimieren, Wiesbaden 1997

KLEPZIG, HEINZ-JÜRGEN: The Road To Excellence. Vortragsmanuskript vom European Carrier Day der DaimlerChrysler AG, Bremen 2006

MARTIN, JEAN-CLAUDE: Le Traitement de l`Information dans l`Entreprise, Paris 1994

MCTIGHE, ESME: Total Productive Maintenance, Cambridge 1991

NCR: Prozessmanagement, Firmenbroschüre, o. J.

NEUMANN, HORST: Mythos Japan: Unternehmensvergleich zur Wettbewerbsstärke der deutschen und japanischen Automobilindustrie, Berlin 1996

NIPPA, MICHAEL: Anforderungen an das Management prozessorientierter Unternehmen, in: Nippa, Michael; Picot, Arnold (Hrsg.): Prozessmanagement und Reengineering, 2. Aufl. Frankfurt 1996

OPITZ, HERWART: Moderne Produktionstechnik, Essen 1971

O.V.: Wie Westinghouse Zeit und Geld spart, Fortune July 3, 1989

PFAFF, DONOVAN; SKIERA, BERND; WEIS, JÜRGEN: Financial Supply Chain Management, Bonn 2004

PIEPER, ANSGER; STRÖTGEN, JOSEF: Vorhandenes Potenzial nutzen – flexible Organisation in Fertigung und Verwaltung, Köln 1999

PORTER, MICHAEL E.: Wettbewerbsvorteile, Frankfurt, New York 1986

ROTHER, MIKE; SHOOK, JOHN: Sehen Lernen, Stuttgart 2000

SCHEER, AUGUST-WILHELM; JOST, WOLFRAM: ARIS in der Praxis, Berlin 2002

SEGHEZZI, H. D.: Integriertes Qualitätsmanagement, München, Wien 1996

SHINGO, SHIGEO: Study of Toyota Production System, Tokyo 1981

SOOM, ERICH: Optimale Lagerbewirtschaftung, Bern, Stuttgart 1976

THEDEN, PHILIP; COLSMAN, HUBERTUS: Qualitätstechniken: Werkzeuge zur Problemlösung und ständigen Verbesserung. 2. Aufl. München, Wien 1997

TOMYS, A.-K.: Kostenorientiertes Qualitätsmanagement, München 1995

WESTON, FRED J.: Managerial Finance, New York 1962

VDMA-KENNZAHLEN: Frankfurt am Main 2003

VOKUSS BÜROMÖBELFABRIK: Firmenbroschüre, o. J.

WILDEMANN, HORST: Asset Management und Working-Capital-Controlling; 5. Aufl. München 2004

WOMACK, JAMES P; JONES, DANIEL T.; ROOS, DANIEL: The Machine that Changed the World, New York 1990

Stichwortverzeichnis

Der Autor

Heinz-Jürgen Klepzig,
Dipl.-Ing. (Maschinenbau), Dipl.-Wirtschafts-Ing., Dr. rer. pol., ist Professor für Betriebswirtschaftslehre/Logistik an der FH Augsburg.

Er hat mit verschiedenen Forschungsgruppen auf den Gebieten Systemtechnik/Innovationsforschung zusammengearbeitet und war Geschäftsführer in der Kienbaum-Unternehmensgruppe mit den Tätigkeitsschwerpunkten Unternehmensstrategie/Effizienzverbesserung/Krisenmanagement/Führungsorganisation.

Als Unternehmensberater im Bereich Umsetzungsmanagement berät Heinz-Jürgen Klepzig mittlere sowie Großunternehmen.